川味香肠品质控制及电子舌识别研究

范文教／著

CHUANWEI XIANGCHANG PINZHI KONGZHI
JI DIANZISHE SHIBIE YANJIU

四川大学出版社

项目策划：曾　鑫
责任编辑：曾　鑫
责任校对：孙滨蓉
封面设计：墨创文化
责任印制：王　炜

图书在版编目（CIP）数据

川味香肠品质控制及电子舌识别研究 / 范文教著
. 一 成都：四川大学出版社，2021.2
　ISBN 978-7-5614-8888-1

　Ⅰ．①川…　Ⅱ．①范…　Ⅲ．①灌肠－质量控制－研究
Ⅳ．① TS251.6

中国版本图书馆 CIP 数据核字（2021）第 039303 号

书名　川味香肠品质控制及电子舌识别研究
————————————————————
著　　者　范文教
出　　版　四川大学出版社
地　　址　成都市一环路南一段 24 号（610065）
发　　行　四川大学出版社
书　　号　ISBN 978-7-5614-8888-1
印前制作　四川胜翔数码印务设计有限公司
印　　刷　郫县犀浦印刷厂
成品尺寸　170mm×240mm
印　　张　7.5
字　　数　144 千字
版　　次　2021 年 3 月第 1 版
印　　次　2021 年 3 月第 1 次印刷
定　　价　59.00 元
————————————————————

◆ 读者邮购本书，请与本社发行科联系。
　电话：(028)85408408/(028)85401670/
　(028)86408023　邮政编码：610065
◆ 本社图书如有印装质量问题，请寄回出版社调换。
◆ 网址：http://press.scu.edu.cn

四川大学出版社
微信公众号

前　言

肉类制品在食品工业中占有极其重要的地位。川味香肠作为四川乃至西南地区传统的肉类制品，对其品质安全性控制及掺假识别的基础研究不多。本书通过将动力学模型引入川味香肠货架期预测，分析植物源性食品添加剂茶多酚对川味香肠品质变化影响，研究香肠发色与亚硝酸盐残量的相关性，初步探讨川味香肠品质控制机制；同时，将仿生电子舌技术引入川味香肠品质监测，研究适用于电子舌检测不同贮藏时间、掺假不同腐败猪肉比例和掺杂不同鸡肉比例的川味香肠品质的模式识别方法，建立相关检测模型，探索电子舌技术在川味香肠掺假定性、定量快速检测上的应用。研究结果将为川味香肠产品的开发、工艺参数的优化以及安全性的评价提供指导，为其他肉制品安全性方面的研究工作提供有价值的参考数据。具体研究内容如下：

（1）川味香肠货架期预测的动力学模型研究

研究了不同贮藏温度下川味香肠化学品质指标可挥发性盐基氮（Total volatile basic nitrogen，TVB-N）和硫代巴比妥酸值（2-thiobarbituric acid，TBA）的变化情况。建立了以川味香肠化学品质指标 TBA 值为因子的货架期动力学模型，并对该模型进行验证。

（2）川味香肠品质控制机制研究

研究了植物源性添加物茶多酚对川味香肠贮藏过程中品质指标变化的影响，通过考察川味香肠贮藏期间品质指标的 Pearson 相关性，研究了川味香肠品质控制机制。同时，通过研究亚硝酸盐残量在川味香肠发色过程中的变化规律，初步探讨川味香肠的发色机理。

（3）基于电子舌技术的川味香肠识别研究

利用电子舌对不同贮藏时间的香肠样品进行评价，通过对获得的传感器信号数据进行主成分分析（Principle component analysis，PCA）和判别函数分析（Discriminant factor analysis，DFA），有效区分不同贮藏时间的香肠样品。在电子舌对不同贮藏时间的香肠样品定量识别上，利用统计质量控制分析方法

（Statistical quality control，SQC）建立定量曲线，根据已知样品的数据特征，结合理化指标，划定了香肠的最佳食用时期区域，可对未知样的存放期进行定量识别预测。此外，利用电子舌对掺假不同比例的腐烂猪肉、掺杂不同鸡肉比例的香肠样品进行评价，通过对获得的传感器信号数据进行主成分分析和判别因子分析，有效区分掺假香肠样品。

本书适合科研人员、工程技术人员、高等学校食品科学专业教师、研究生和高年级学生参考使用。由于水平有限，加之时间仓促，有待改进的地方仍然很多，不妥之处，恳请指导批评。

感谢四川大学化学工程学院张永奎教授的指导。本书内容的研究受到四川省科技厅应用基础项目（2018JY0304）、四川旅游学院"川旅英才"计划、校级团队项目（20SCTUTG01）的支持。

目 录

第 1 章　文献综述

1.1　选题依据

　　食品工业是我国国民经济的支柱产业和保障民生的基础产业。近 5 年来，食品工业增加值在全国工业增加值的占比稳定在 12% 左右，食品工业对全国工业增长贡献率连续 4 年超过 10%。2019 年全国规模以上食品工业企业营业收入 8.1 万亿元，同比增长 4.2%；利润总额 5774.6 亿元，同比增长 7.8%。今年虽然遇到新冠疫情，但我国食品工业发展仍能保持较好的增长局面。2020 年 1—7 月，全国食品工业规模以上企业实现利润总额 3203.9 亿元，同比增长 7.5%，显著好于全国工业下降 8.1% 的状况。食品工业的快速发展已经成为我国国民经济平稳较快增长的重要驱动力之一。近年来，随着现代工业的发展，食品品种丰富、加工手段多样化，腐败源性食品掺假、过分添加各种食品添加剂、使用非食用性原料和成分等，特别是食品危害来源和诱因日益多元化和复杂化，难以预测和监控的各类食品安全事件频发，由此造成了巨大的经济损失和不良的社会影响，并危及消费者的生命健康。因此，党和政府高度重视食品安全问题，于 2009 年 6 月颁布实施《食品安全法》，并于 2013 年 12 月完成对该法案的第一次修订，着力建立最严格的食品安全监管制度，不断提高食品安全保障水平。

　　肉类制品在食品工业中占有极其重要的地位，约占食品工业总产值的 15%。国家统计局公布数据显示，2019 年中国肉类总产量为 7758.8 万吨，约占世界肉类总产量的 1/3，连续 19 年位列世界首位。肉类生产量的显著增长带动了肉类加工业的快速发展，形成了冷鲜（却）肉、分割肉、灌肠制品、火腿、腌腊制品、酱卤制品等诸多加工门类。随着生活水平的提高和消费观念的更新，人们对肉类制品提出了更高的要求，肉类制品生产数量不再是肉类工业发展的主流，安全、营养、美味、方便已成为肉类制品产业发展新的趋势，而其中需要解决的关键问题就是产品的货架期和安全性。

传统的香肠制品因其独特风味一直以来是国人消费的主要肉制品，它主要是通过将绞碎的肉（通常指猪肉或牛肉）、动物脂肪、盐、糖、曲酒、发酵剂和香辛料等混合均匀后再灌进动物肠衣，经过微生物发酵和成熟干燥而制成的。香肠中因含有大量的蛋白质和脂肪酸，在发酵及贮藏过程中极易受到肉类致病菌等腐败微生物污染而导致其腐败变质。同时，为了改善香肠肉品的质构，促进香肠肠体肉色充分蕴色，增加产品的风味，大量的食品添加剂例如亚硝酸盐、发色剂、防腐剂等以及微生物菌剂被添加到香肠中。因此，近年来，肉制品的微生物性食物中毒和滥用、乱用食品添加剂造成的中毒事件屡见不鲜，严重危害了国民的健康。此外，随着疯牛病、禽流感、猪链球菌病等动物疫病的广泛传播，这其中的一些疾病可以通过肉制品传染人类，使得肉制品的安全问题面临着更大的挑战。

目前，肉制品的安全性问题已成为全球瞩目的研究热点。特别是 2013 年欧洲马肉冒充牛肉事件曝光显示，欧盟大多数国家的牛肉制品被证明含有马肉（部分含量高达 100％）和其他未申报的肉类，如猪肉、鸡鸭肉等，这使得肉制品的安全性进一步受到科学家的关注。

近几年，对香肠制品的研究更多集中于探索微生物菌剂、外源性添加物如蛋白酶、脂肪酶等，食品添加剂如防腐剂、发色剂等，对香肠品质进行改善，例如，使香肠产品 pH 值快速下降，缩短发酵加工时间，抑制香肠病原菌和腐败微生物生长繁殖并建立相关预测模型，提高产品色泽新鲜度并延缓酸败、分解蛋白质和脂肪，增加产品风味，延长香肠货架期等。另有多种化学、天然食品添加剂如亚硝酸盐、维生素 E、乳酸盐、磷酸盐、韭葱、胡萝卜汁、葡萄籽提取物、迷迭香、天然香辛料等应用到香肠肉制品工业中，以延长产品货架期，改善产品品质。此外，还有相当部分研究探讨了利用外源性手段分析香肠肉类制品中亚硝酸盐还原和形成过氧化氢酶及其与肉类蛋白形成亚硝胺的化学基础变化。虽然这些新的研究成果在一定程度上起到了缓解肉类制品腐败、延长产品货架期的作用，但它无法从根本上预测并控制肉类制品的安全性。此外，国内外在畜禽的饲养方式、屠宰方法、加工工艺、产品类型以及消费者饮食文化等方面都存在较大差异，导致了研究重点的不同和研究成果的相互不适用性。因此，结合我国的具体情况有必要对肉类制品货架期中的品质变化规律、控制机制及腐败微生物的消长规律等进行系统研究，为肉类制品的市场流通和货架期延长提供技术参考，从而推动肉制品工业向安全化和智能化的方向发展。

　　同时，在肉制品掺假检测技术的研究上，目前主要集中在以分子生物学为基础的聚合酶链式反应（PCR）技术，主要根据不同动物的 DNA 具有唯一性的原理，并辅助其他表征方式，从而形成定性、定量检测技术。在此基础上衍生出来的系列相关技术研究，例如，RAPD－PCR（随机引物扩增技术）、SS－PCR（特异扩增技术）、realtime－PCR（实时荧光技术）等，其结论都是相对肯定的，即用基于 PCR 技术检测肉的种类及肉制品中原料肉的种类和含量，可以显著提高检测速率和准确性。此外，还有相关研究基于光谱技术如红外光谱、质谱、色谱等分析肉制品掺假、肉制品品种和肉品产地分析等，其主要原理是利用化学计量学方法建立光谱与样品性质之间的模型对未知样品进行比较验证，从而完成对未知样品的鉴别分析。所以，从肉制品检测技术的现状及发展动态分析来看，在涉及动物源性物种掺假的检测上，均偏向于生物 DNA 检测，该法具有实验结果权威、过程可复制、辅助一定表征方式可实现定量分析的优点，但存在着即时性差、步骤烦琐、分析时间长等缺点。在 2013 年欧洲马肉冒充牛肉事件中，欧盟官方公报先后发布欧委会执行决定（2013/98/EU）与欧委会倡议书（2013/99/EU），专项安排 458 万欧元预算以支持在 20 个工作日内完成对多达数万份问题肉制品样品的鉴别分析。所以，完全有必要借助现代分析仪器手段对肉制品腐败性掺假、外源动物性掺假等定性、定量识别进行更进一步的研究。

1.2　香肠制品概述

1.2.1　香肠制品的历史

　　香肠是一个非常古老的食物生产和肉类产品保存技术。广义上指将任何动物的肉、内脏或凝固的血，搅碎成泥状，再灌入肠衣制成的长圆柱体管状食品。

　　在欧洲地区，香肠最早出现于公元前 8 世纪的高卢地区（现在的法国、比利时、意大利北部、荷兰南部、瑞士西部和德国莱茵河西岸的一带）。到了公元前 2 世纪，古罗马帝国征服高卢后，香肠技术开始传到欧洲其他地区，逐渐成为欧洲的主要肉食。14 世纪中叶，特别文艺复兴以及后来的大航海时期的地理大发现，更是将香肠技术推广至非洲、美洲乃至全世界。

　　中国香肠大约创制于南北朝以前，最早的文献记录出现在 6 世纪的北魏《齐民要术》的"灌肠法"：取羊盘肠，净洗治。细锉羊肉，令如笼肉，细切葱白，盐、鼓汁、姜、椒末调和，令咸淡适口，以灌肠。两条夹而炙之。割食甚香美。

1.2.2 香肠制品的分类及其特点

在我国各地的肠制品生产上，通常将传统的生产加工工艺制成的产品称为香肠（腊肠）或中式香肠，而将借鉴国外生产工艺制成的产品称为灌肠或西式灌肠。表 1-1 为中式香肠和西式灌肠之间在加工原料、生产工艺和辅料要求等方面的不同点。

表 1-1　中式和西式肠制品的区别

项目　　香肠	中式香肠	西式灌肠
原料肉的类型	以猪肉为主	除了猪肉外，还常用牛肉、驴肉、鱼肉、兔肉等为原料肉
原料肉的处理	肥瘦肉均切成肉丁	瘦肉一般绞成肉馅，肥肉可切成肉丁或绞成肉馅。
辅调料的差异	不加淀粉	加淀粉
装肠后的处理	长时间日晒、挂晾	烘烤、烟熏

在漫长的历史发展过程中，中式香肠最终形成了以川味和广味为代表的两大类别的香肠。川味香肠又称为川式香肠、麻辣肠，是四川乃至西南地区特色传统肉制品，其特点是味重麻辣，常使用辣椒、花椒、胡椒作为辅料。广味香肠又为广式香肠，是广东乃至华南地区特色肉制品，由于广式香肠加入较多的蔗糖和酒，加之高热高湿的环境，使其具有香味醇厚、鲜味可口等特色。当然，中式香肠的分类不局限于此，按产地、生熟、香型等的不同，其分类五花八门。

欧洲的西式香肠的发展种类则更加多元化，以肉种、形状等都可成为一种分类，再加上欧洲各地物产的不同以及不同地区人民口味的差异，西式香肠的种类可称得上是百家争鸣。目前比较能全面涵盖西式香肠的分类法则仍以制作方式来分类。表 1-2 为不同制作方式的西式香肠比较。

表 1-2　不同制作方式的西式香肠比较

类型	香肠名称	制作方式	典型产品
非加热品	鲜香肠	原料肉不经腌制，绞碎后加入香辛料和调味料充入肠衣内而成。需冷藏，食用前加热	意大利托斯卡纳传统新鲜香肠 天然新鲜土耳其香肠
	生烟熏肠	采用腌制或未腌制原料，经过烟熏但不熟制，食用前加热	梅尔盖香肠 克拉科夫香肠 传统希腊香肠
	烟熏香肠	经过腌制、熟制和烟熏处理的香肠	德国式小香肠 黑布丁 德式下午茶香肠
加热制品	干香肠	经过微生物的发酵作用，使肉馅 pH 达到 5.3 以下，然后干燥除去 30%～50%水分的肠制品	意大利香肠 佛皮诺香肠 佩珀法式香肠
	半干香肠	绞碎的肉在微生物的作用下，pH 达到 5.3 以下，在热处理和烟熏过程中除去 15%水分的肠制品	夏式香肠 水牛香肠 彼得罗夫香肠

1.2.3　香肠制品的现状

近年来，随着人们健康意识的提升和消费观念的不断转变，传统肉制品特别是香肠制品的手工生产工艺已经不能适应社会进步的发展。传统风味香肠制品的加工，在过去只是加工师傅的事，加工工艺及其改进方法只作为一种技艺在民间相传，其工艺和配方因人而异，缺乏科学性和规范性，许多香肠制品企业的生产工艺流程甚至全部依赖于有经验的工人，使得整个生产制作工艺参数模糊，工艺过程不规范，产品质量参差不齐，造成企业的发展难以适应现代工业科技化潮流，这是阻碍其发展的主要原因。

目前香肠制品的现状主要存在以下几个方面的问题。

（1）香肠制品的销售情况不容乐观

2019 年，我国肉制品产量约为 1715 吨，占全国肉类总产量的 12%左右，但是香肠份额比例不高，只占肉制品产量的 4%～7%。香肠制品的市场占有率呈现持续明显下降趋势。各种地区特色香肠制品的发展存在地区局限性。例如在川味香肠的主销区集中在西南地区，广味香肠大都局限于在东部和沿海地区。

（2）香肠制品的生产方式依旧落后

尽管部分现代肉制品企业已经初步完成了部分传统肉制品的工业化改造和产品的升级换代。但是大多数香肠的生产厂家地处经济落后的中西部地区，企业生产流水线工业化进程十分缓慢，甚至一些厂家还停留在手工作坊式的生产阶段，生产效率低，产品的质量差。

（3）香肠制品的产品单一、风味混乱

传统香肠制品的整体产品结构单一，大部分香肠制品属于自然发酵，人为干预香肠品质仅局限于添加剂的大量使用，而诸如添加发酵微生物菌剂、生物酶等人工发酵性质的产品严重缺乏。香肠制品结构体系不尽合理，拳头产品少，品牌产品基本没有。同时，多数生产厂家为了挽救下滑的销售市场，开发各种风味以迎合外地市场，随心所欲使用各种风味添加剂，造成传统经典风味产品淡化，使得传统香肠制品逐步走出年轻消费者的视野，从而造成香肠制品进一步走向没落。

（4）香肠制品的质量状况令人担忧

香肠制品属于肉类产品的再加工。香肠制作过程中需要加入大量的调味料，一定程度上能够掩盖原料肉的新鲜度问题。这给一些食品安全意识淡薄的生产厂家带来逐利空间。有些肉制品加工企业为了降低产品的成本，在原料肉价格低谷时大量囤积，采用超低温长期冷冻，从而降低原料肉的整体食用品质。更有一些小作坊以次充好，按比例选用血管多的槽头肉为原料，还有在原料肉中掺入鸡肉、鸭肉等价格便宜的肉制品，更有甚者收购使用疫区的病死猪肉作为原料肉。同时，在生产工艺上，一些肉类企业为了追求香肠肉制品的货架期、色泽等，对发色剂和其他食品添加剂的使用存在着经验性和盲目性，结果导致香肠制品品质下降，食用安全性得不到保障。

（5）香肠制品的产学研相结合有待进一步加强

产学研合作是科技成果转化应用的有效途径之一。近年来，尽管肉制品产业的产学研结合发展取得了一定的成绩，部分高校和科研院所的科研力量与肉制品加工企业联手攻关，在包括对传统肉制品加工产业的生产技术优化、工艺改进以及在风味提升、包装技术等领域都有一定的深入。但是香肠制品的产学研应用仍显不足，特别是产品的低盐低硝化、货架期保鲜技术、特色风味物质形成机理、掺假检测方法等方面还需要加大研究力度。

1.2.4 香肠制品的发展趋势

香肠制品发展到今天,已经不再是一种简单的肉类产品保存技术。特别是现代食品工业的发展,以及人们生活水平的提高,对香肠这种传统肉制品的要求已经由需求型向质量型转变,人们需要的是食用安全、风味独特、富有营养的香肠制品。香肠制品的发展趋势主要体现在以下几个方面。

(1)安全性

随着世界各国政府对食品安全领域关注程度的提高,必将制定更加严格的政策法规监管食品安全,促使肉类工业在香肠制品等二次加工产品方面的加工技术和管理体制上进行革新。

(2)健康性

消费者的健康意识普遍提高,并且愿意采购健康食品。这将促使香肠制品走出传统的工艺发展方向,向着低盐、低硝、低脂肪等营养绿色方向发展,特别是大量有益肠体风味物质形成的发酵生物菌剂,以及亚硝酸盐等发色剂的替代品等领域,都是香肠制品未来的研究发展方向。

(3)智能化

香肠制品已经由手工制作逐步转入机械化。随着工业技术的集成发展,包括肉制品生产开发、工艺参数优化以及安全性评价的智能发展,香肠制品势必走向智能化的发展道路。今后的生产工艺及生产流程更具靶向性,香肠制品将完全依据消费者的个人口味、身体情况、饮食文化差异等量身定制。同时,随着香肠货架期感官品质、理化品质、色泽、质构等品质的改进方法和包装保鲜等关键技术的逐步完善,香肠制品的智能化发展将给消费者的采购带来更多方便。

1.3 香肠制品的品质指标

目前我国香肠制品的品质指标并没有完全明确,2009 年出台的《中式香肠》国家标准(GB/T 23493—2009)中对香肠的品质指标规定过于简单和广泛,在感官要求上仅仅从色泽、香气、滋味、形态上提出模糊的要求,在理化指标上也只从水分、氯化物、蛋白质、脂肪和总糖含量以及过氧化值和亚硝酸盐残量方面做了一个界限。这种品质指标的模糊化,使得香肠制品的产品质量标准层次不齐。目前,国内外在考察香肠的品质指标中通常从原料肉在香肠制品货架期间的脂肪氧化度、蛋白质腐败变质度、生物胺含量、pH 值、色差变化、微生物指标、水分活度、人为感官评定等方面去考察。

1.3.1 脂质氧化程度

脂质氧化的程度是目前衡量香肠腊肉制品品质的重要指标之一。香肠制品中的脂肪在发酵及货架期过程由于水解、氧化和降解而出现变质。目前用于判断该指标的方法主要有硫代巴比妥酸法（2-thiobarbituric acid，TBA）、过氧化值法（Peroxidevalue，POV）和酸价法（Aeidvalue，AV）。图1-1表示这三种测量方法与香肠原料肉中脂肪在货架期间变化过程的产物的相关性。

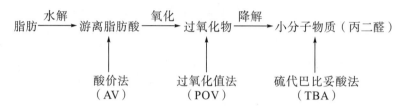

图1-1 香肠原料肉中脂肪的变质过程与检测方法的相关性

硫代巴比妥酸法广泛用于测定脂类食品，特别是肉类和水产品脂肪氧化酸败程度，属于极好的脂肪氧化测定指标。它主要是依据脂类食品中不饱和脂肪酸氧化降解产物丙二醛（MAD）与TBA试剂反应生成稳定的红色化合物的量来判断。硫代巴比妥酸法中测定的TBA值与肉类脂肪氧化程度有很强的相关性，TBA值越大，说明脂肪的氧化程度越高，酸败就越严重。一般情况下，当TBA值大于0.5mg（MAD/kg）时，表明脂肪氧化正在进行，当TBA值为2mgMAD/kg，可认为该肉类产品已经进入腐败变质阶段。此外，还有研究表明TBA值和感观评定之间有很好的相关性。

过氧化值法是以脂肪中被氧化所产生的过氧化物数值（POV）作为被氧化变质程度的主要衡量指标。过氧化值的检测过程属于氧化还原滴定。值得说明的是尽管POV值是一个能较全面、客观反映腌腊制品中油脂氧化变质程度的质量指标，但是应该注意到，作为脂肪氧化的中间产物，羟基过氧化物的稳定性较弱，会进一步发生其他氧化反应，从而导致脂肪酸败，产生诸如醛、酮、酸和羟基酸等小分子物质。因此，实际过程中腌腊制品的过氧化值很不稳定，从而影响其作为脂肪氧化酸败程度衡量指标的准确性。因此，有研究人员据此对用过氧化值来衡量脂肪氧化程度提出质疑，认为在某些食品中作为脂肪氧化指标具有一定的局限性，尤其对长期贮藏的香肠腊肉制品。

酸价法的基本原理是利用滴定脂肪酸败过程中氧化分解的小分子游离酸来判断脂肪氧化程度，其检测过程属于酸碱中和滴定。有学者认为酸价并不能准确反映香肠肉制品中的脂肪氧化程度。这主要基于香肠肉制品中的脂肪氧化并不是游离脂肪酸的唯一来源，由微生物酶引起的脂肪水解也是游离脂肪酸的重要来源。同时，香肠肉制品在发酵过程中会有乳酸和羧酸等酸性物质产生，从而影响以酸碱中和滴定为原理的酸价测定。中国肉类协会曾就该问题致函（中肉协〔2005〕15 号）国家卫生部全国食品卫生标准委员会，要求取消《腌腊肉制品卫生标准》（GB 2730—2005）中反映腌腊肉制品脂肪氧化酸败程度的酸价指标，或对标准限值进行修订，认为尽管酸价和脂肪氧化程度间存在一定的相关性，但它不能准确反映肉制品中的脂肪氧化程度，因此建议在标准修订时取消"酸价"指标。

1.3.2　蛋白质腐败变质程度

香肠制品是典型的动物源性食品，富含肉类蛋白质。因此，以香肠制品的肉类蛋白质腐败变质程度作为指标特征，根据肉类蛋白质腐败分解产物的定量测定有以下三个方面：挥发性盐基氮（Total volatile basic nitrogen，TVB-N）、三甲胺（Trimethylamine，TMA）、鲜度指标（K-value，K 值）。

挥发性盐基氮（TVB-N）是指动物性食品因肉类中的内源酶或特定腐败细菌的作用，致使食品中的蛋白质分解而产生的氨以及胺类等碱性含氮挥发性物质。目前挥发性盐基氮（TVB-N）值是国标中用于评价肉质鲜度的唯一理化指标。按国家《鲜（冻）畜肉卫生标准》（GB 2707—2005）规定 TVB-N值为：鲜肉小于 15 mg/100g；次鲜肉 15～20 mg/100g；腐败肉大于 20 mg/100g。同时，TVB-N 值在国际上也被认为能较有规律地反映肉类蛋白物质的新鲜度变化程度，新鲜肉、次鲜肉和腐败肉之间数值的差异十分显著，且与人为的感官变化具有较高的相关性，是一个较为客观的指标。在欧盟，目前通常认为 TVB-N 值大于在 35～40 mg/100g 这个区间值就可以判定肉类产品已经腐败变质。当然，这个一范围值会随肉类产品的种类、加工环境、贮藏方式等的变化而有所差异。

同时，在挥发性盐基总氮构成的胺类中，主要是三甲胺（TMA）。因为香肠制品常用原料猪肉中含有季胺类含氮物，该化合物经过细菌以及生物酶作用还原成三甲胺，其含量与肉类产品是否变质有明显对应关系，并与人为感官高度相关。一般情况下，新鲜的肉类产品中没有三甲胺，当其含量在4～6 mg/100g，可判定该肉类产品已经开始腐败。

鲜度指标 K 值是肉类产品的另一鲜活质量指标。主要反映水产品 ATP 的降解程度，指 ATP 分解的肌苷（HxR）和次黄嘌呤（Hx）低级产物占 ATP

系列分解产物 ATP+ADP+AMP+IMP+HxP+Hx 的百分比。K 值越小水产品 ATP 的降解程度就越小，其鲜度也就越好。K 值作为水产品的鲜活质量指标始于日本，日本自 20 世纪 70 年代后期，随着以冷冻、冷藏为中心的低温流通网络的完备、普及，水产食品可以在 24 小时之内送达全日本的任何地方，在生产流通实际中腐败很少成为鲜度问题，所以水产品的鲜度大多以鲜度指标 K 值来讨论，目前该指标广泛应用于淡水产品类的鲜度评价指标。一般而言，若 $K \leqslant 20\%$，说明鱼体绝对新鲜；$K \geqslant 40\%$ 时，鱼体表面开始有腐败迹象，K 值在 60% 以内的鱼类产品都属于可作原料加工的鲜度范围。

1.3.3 微生物指标

微生物广泛分布于自然界，香肠制品在生产过程中不可避免会受到一定类型和数量微生物的污染，当货架期间的贮藏环境条件适宜时，它们就会迅速生长繁殖，造成香肠肉类脂肪腐败和肉类蛋白质变质。同时，随着对香肠制品中微生物研究的深入，各种乳酸菌、球菌、酵母菌及霉菌等微生物发酵菌剂陆续被分离并应用到了香肠制品生产，这些微生物发酵菌剂能够代谢香肠制品中的碳水化合物产生乳酸，降低原料肉 pH 值，从而抑制病原微生物的生长；能够与产品中的亚硝酸盐反应，形成亚硝基，从而与肌红蛋白作用，促进肠体肉类的发色，并防止肉色的氧化及变色；能够促使香肠发酵独特风味的游离氨基酸、游离脂肪酸、乙基酯等物质的形成积累，提高产品的营养价值。但是，正是由于引入优势发酵菌种，让香肠发酵过程中生物化学变化更加复杂，简单的环境因子控制不能完全抑制产品腐败菌的生长；同时，香肠产品复杂的多个微生物菌相，会造成优势腐败菌比病原菌生长的快，也可能造成优势腐败菌比病原菌生长的慢，这样就会出现香肠腐败前就已产生大量毒素，使得单纯使用微生物指标无法及时预警香肠产品的安全性。由此，微生物检测指标已经不能完全反映香肠货架期间的品质变化，必须结合其他指标加以判断，例如水分活度 Aw、酸碱度 pH、气味色泽等感官评定，甚至化学指标分析等。

1.3.4 颜色指标

颜色是香肠制品极为重要的品质特性之一。对于消费者来说，香肠肠体肉色是香肠肉色、香、味、质等几大要素中最直觉最先导的感受印象，是一项重要的食用品质指标；对于生产加工者来说，产品颜色也是首要的。因为许多香肠加工产品的好坏直接取决于香肠的颜色。常见的颜色测试方法有三种。第一，香肠颜色人为感官评分。目前对颜色感官评分的指标虽不能完全量化，且容易受评定者感觉差异、周围照明条件和几何条件等多方面的影响，但此法操作简单，直观性强，能快速评价出产品颜色的优劣，适合对颜色评价精度要求不高的颜色评定，目前仍然是世界各国广泛采用和承认的方法。第二，化学测定方法。通过测定肉体的发色率来度量。发色率是肉制品中发色色素与总色素的比例，是常见的肉制品颜色化学度量指标。一般情况下，发色率达到 75%时，可以认为肉制品的发色阶段基本完成。比较常用的是 Hornsey 测定法方法。该法是目前国际上最流行的肉类颜色度量方法，其主要原理是用丙酮有机溶液提取肉类样品中的发色色素，然后进行比色。第三，色差仪器测定方法。测定色差的仪器有分光光度计和色差计两大类。利用色差计能快速对样品的颜色进行数值化。其主要原理是利用光电测定的方法，借助国际照明委员会（International Commission of Illumination）的立体表色系统，测定该系统的三刺激值 X、Y、Z，再经过一系列复杂数学关系的转换将颜色进行数值化，用 L^*，a^*，b^* 三个轴坐标表示。其中，L^* 为垂直轴表示亮度，其值为从底部 0（黑）到顶部 100（白）；a^*、b^* 轴坐标形成的色度在平面上是圆，表示不同的颜色方向，其中，$-a^*$ 为绿色，$+a^*$ 为红色，$-b^*$ 为蓝色，$+b^*$ 为黄色。

1.3.5 亚硝酸盐残量

亚硝酸盐的安全性一直是肉类工业的争议问题。亚硝酸盐作为常用的发色剂、防腐剂和抗氧化剂，对香肠肉制品有发色、抑菌、抗氧化、改善风味和质构等作用，但是其作用机制、危害和解决途径一直备受关注。目前，全世界对亚硝酸盐的人为添加使用实行限量规定已经形成共识。然而不可忽视的是，自然界中存在着大量天然的硝酸盐资源。在肉制品领域，尽管美国联邦农业管理局（United States Department of Agriculture）于 2005 年 8 月在《食品标准和标签守则》（*Food Standards and Labeling Policy Book*）中明确了天然肉制品的定义，即"天然肉制品的加工过程中禁止添加任何人造或化学添加剂"。但是，美国科学院（National Academy of Sciences）等机构早在 1981 年对人体的亚硝酸盐摄入量来源进行较为系统的研究，调查表明大约 40% 的亚硝酸盐摄入量来源于肉类加工制品，约 35% 来源于焙烤的粮食制品，18% 来源于蔬菜。同时，综合国内外研究，许多叶菜类、根菜类蔬菜中的亚硝酸盐含量较高，莴笋、生菜、菠菜、甜菜根等最高可超过 5000 mg/kg。尽管天然肉制品中不添加任何亚硝酸盐，但是在实际生产过程中为了达到发色、防腐等目的，一些富含亚硝酸盐的物质被大量添加，使得某些天然肉制品中的亚硝酸盐残量甚至远远大于严格按照规定的量添加了硝酸盐、亚硝酸盐的肉制品。在我国国标中规定亚硝酸钠的最大使用量是 150 mg/kg，而残留量却是小于 30 mg/kg，这两者相差 5 倍。这也说明了亚硝酸盐残量这一指标的重要性。

1.4　香肠制品的品质安全控制

香肠制品作为全世界著名的传统肉制品之一，其主要特点是易于加工生产、风味独特、营养丰富。因此长期以来受到消费者的青睐。然而，香肠制品中因含有大量的蛋白质和脂肪酸，在发酵及货架期间极易受到肉类致病菌等腐败微生物污染而导致其腐败变质以及脂肪氧化；同时，为了改善香肠制品肉类的质构，促进香肠肠体肉色充分蕴色，增加产品的风味，大量的食品添加剂例如亚硝酸盐、发色剂、防腐剂被添加到香肠制品中。因此，在香肠制品的品质安全控制上集中了大量的基础研究，目前香肠制品的品质安全控制措施主要包括以下几个方面。

1.4.1　微生物菌剂的应用

1940 年，美国研究人员 Jensen 和 Paddock 首先使用纯培养的乳酸乳杆菌（*lactobacillus lactis*）应用在干香肠的加工，并申请授权专利。自此，各种各样的优势微生物菌剂逐渐被开发出来并应用于各类香肠制品的加工制作。香肠制品的微生物菌剂研究发展经历了从植物中分离出优良发酵微生物，到从动物源性中分离优良发酵微生物，再到开发各种复合微生物菌剂。这些微生物发酵菌剂被应用到香肠制品的加工工艺中，主要是基于以下几个方面：增强硝酸盐的还原能力促进肠体色泽的良性诱发；抑制优势腐败菌的生长，降低脂肪氧化和蛋白质腐败变质，减少亚硝酸盐残量，延长货架期；促进脂肪酸、蛋白质分解过程中形成醇、酯类风味物质，形成更加独特的香气等。表 1-3 为在香肠制品中常用发酵微生物。

表 1-3　香肠制品中常见的发酵微生物

菌属名	菌种名	菌属名	菌种名
乳杆菌 (*Lactobacillus*)	清酒乳杆菌（*L. sakei*）	微球菌 (*Micrococcus*)	变异微球菌（*M. varians*）
	干酪乳杆菌（*L. casei*）		亮白微球菌（*M. camdidus*）
	乳酸乳杆菌（*L. lactis*）		橙色微球菌（*M. auterixus*）
	米酒乳杆菌（*L. sake*）		藤黄微球菌（*M. luteus*）
	植物乳杆菌（*L. plantarum*）		克氏微球菌（*M. kristinae*）
	弯曲乳杆菌（*L. curvatus*）		表皮微球菌（*M. epidermides*）
	嗜酸乳杆菌（*L. acidlophilus*）		凝聚微球菌（*M. conglomeratus*）
	短乳杆菌（*L. brevis*）		乳微球菌（*M. lactis*）
	布氏乳杆菌（*L. buchneri*）	酵母 (*Microzyme*)	德巴利汉逊酵母 (*Dabaryomyces hansenii*)
	德氏乳杆菌（*L. delbruecki*）		胶红酵母 (*Rhodotorula mucilaginosa*)
	香肠乳杆菌（*L. faucimnis*）		隐球酵母（*Cryptococcus*）
	甘露醇乳杆菌 (*L. mannitopeous*)		卵形丝孢酵母 (*Trichosporon ovoides*)
	盖氏乳杆菌（*L. gayonii*）		孢圆酵母（*Torulaspora*）
葡萄球菌 (*Staphylococcus*)	巨球菌（*S. caseolyticus*）		法马塔假丝酵母 (*Candada famata*)
	肉葡萄球菌（*S. carnosus*）		解酯耶氏酵母 (*Yarrowia lipolytica*)
	沃氏葡萄球菌（*S. warneri*）		耐碱酵母（*Galactomyces*）
	木糖葡萄球菌（*S. xylosus*）		耶氏酵母（*Yarrowia*）
	腐生葡萄球菌 (*S. saprophyticus*)		毕赤酵母（*Pichia*）
	模仿葡萄球菌（*S. simulans*）	青霉菌 (*Penicillium*)	产黄青霉（*P. charysogenum*）
	马胃葡萄球菌（*S. equorum*）		纳地青霉（*P. nalgiovense*）
肠杆菌 (*Enterobacteria*)	屎肠球菌（*E. faecium*）		白青霉（*P. candidium*）
	粪肠球菌（*E. faecalis*）		娄地青霉（*P. roquefort*）

乳酸菌、酵母菌和霉菌是香肠制品中最常用的微生物发酵菌，它不仅可以大幅度缩短发酵时间，改善肠体色泽和产品风味，延长货架期，而且能抑制有害菌的生长，防止毒素的产生。

在乳酸菌的研究上，Rubio R. 等人（2014）从婴幼儿粪便中分离出 109 株乳酸菌，经过选育驯化，将 L. Casei/paracasei CTC1677，L. casei/paracasei CTC1678 和 L. rhamnosus CTC1679 这三株菌株分别应用在发酵香肠的加工中，结果发现这些菌株在酸化活性、改善香肠风味效果均要比普通的植物源性乳酸菌要好；Danilovi B. 等人（2011）研究了塞尔维亚传统发酵香肠的优势乳酸菌，从发酵 120 天 Petrovská Klobása 香肠中分离出 404 株有效菌株，经过分子生物学鉴定，清酒乳酸杆菌（*Lactobacillus sake*）和肠膜明串珠菌（*Leuconostoc mesenteroides*）分别占了 36.4％、37.1％，被认定为主要的优势发酵菌株，另外 18.4％为戊糖片球菌（*Pediococcus pentosaceus*），该研究为乳酸杆菌在改善香肠制品品质的进一步应用提供了借鉴。在乳酸菌抑制有害致病菌方面，Albano H. 等人（2007）从一种叫 Alheira 的传统葡萄牙发酵香肠（A traditional Portuguese fermented sausage）分离出 226 株乳酸菌株，并成功筛选驯化出两株具有较强抑制该香肠优势腐败菌单核细胞李斯特菌（*Listeria monocytogenes*）的菌株，然后作为发酵微生物接种到 Alheira 香肠制作中，结果显示，在香肠货架期终端，该两株菌株能够有效抑制优势腐败菌的生长，有效抑制率高达 38％。

酵母菌中的汉逊氏德巴利酵母（*Debaryomyces hansenii*）和法马塔假丝酵母（*Candida famata*）也经常应用在香肠肉制品的加工过程中。Olesen P T 等人（2014）通过研究汉逊氏德巴利酵母在改善发酵香肠风味的作用中发现，该酵母对酯类和硫化物类物质的产出具有较好促进作用，同时研究还表明，该菌株对香肠 TBA 值和 TVB － N 值的增长均有良好的抑制作用。Bolumar T 等人（2014）研究指出，尽管这类酵母对改善香肠风味和色泽、延缓脂肪酸败有益，但是它们没有还原硝酸盐的能力，会使香肠制品中固有微生物菌群的硝酸盐还原作用减弱。为此，他们将 *Debaryomyces hansenii* 与 *Lactobacillus sakei* 混合使用在干制发酵香肠上，发现这两种菌剂的复合使用，不仅能够改善香肠的品质，而且肠体内部固有的硝酸盐还原能力没有受到影响。Laura P. 等人（2013）通过对一种叫"Lacón"的西班牙猪肉腌制品中酵母菌进行研究，发现法马塔假丝酵母（*Candida famata*）为该猪肉腌制品主要的优势菌种，且该菌种的耐盐能力较强，能够抑制金黄色葡萄球菌的生长，研究还发现，法马塔假丝酵母具有优良的分解脂肪和降解蛋白质的能力。

尽管霉菌具有产毒素的能力，但是接种在香肠制品中霉菌大多为好氧霉菌，经过选育，它们不产毒素，或产毒素能力已经达到没有潜在的病原性威胁。西班牙 Victoria B. 等人（2013）通过人工接种纳地青霉菌（*Penicillium nalgiovense*）研究其对萨齐康西班牙香肠（Salchichón）品质影响，结果发现，该霉菌不仅不产生毒素，还具有抑制产品中毒枝菌素（Mycotoxin production）的能力，抑制率达到 46％，对延缓香肠产品货架期效果十分显著。Papagianni M. 等人（2007）在研究青霉属（*Penicillium*）霉菌对希腊传统香肠中发现，青霉属（*Penicillium*）霉菌能够在发酵过程中分生孢子，且菌丝体呈白灰色，有效提高肠体肉质蛋白质和脂肪酸水解活性，增加游离氨基酸、游离脂肪酸含量，从而能形成特殊稳定的风味。

1.4.2 食品添加剂及外源添加物的应用

没有食品添加剂就没有现代的食品工业。截至目前，我国食品添加剂有23个类别，共计2000多个品种。香肠制品中使用食品添加剂主要包括抗氧化剂、发色剂、防腐剂、乳化剂、酸碱调节剂等。近年来，随着消费者对食品安全健康的更加关注，更加青睐于绿色、有机的食品标签，香肠制品中的食品添加剂应用研究已经转向天然植物源性和动物源性的食品添加剂。表1-4为在近年来香肠制品中食品添加剂应用的研究情况。

表 1-4 香肠制品食品添加剂应用的研究情况

研究人员	使用的食品添加剂	应用的香肠制品	使用效果
Berasategi I.	香蜂草提取物	博洛尼亚香肠	产品中 omega-3 不易破坏
Crist C A.	乳酸钠	意大利香肠	延长货架期，减少钠盐用量
Soultos N.	壳聚糖	希腊香肠	抑菌、抗氧化
Harms C.	维生素 E	烟熏腊猪肉香肠	良好的抗氧化效果
Hampikyan H.	乳酸链球菌素	土耳其香肠	抑制芽孢杆菌作用
Astruc T.	氯化钠、乳酸钾	牛肉香肠	乳化作用、增进风味
Liu D C.	迷迭香提取物	鸡肉香肠	抗脂质氧化、抑菌作用
Maqsood S.	鞣酸	鱼肉香肠	抗脂质氧化、抑菌，改善质构
Jung E Y.	葛根提取物	预熟化香肠	效果大于 BHA/BHT
Lorenzo J M.	葡萄籽提取物	西班牙辣香肠	效果大于 BHA/BHT
Schuh V.	羧甲基纤维素、微晶纤微素	猪肉香肠	乳化效果显著
Georgantelis D.	α-生育酚	猪肉香肠	抗氧化、抑菌
Nieto G.	牛至	维也纳香肠	抗菌、改善质构
Bover-Cid S.	亚硫酸钠	猪肉香肠	抗菌抗氧化，但增加生物胺量
Aaslyng M D.	D-异抗坏血酸钠	热狗香肠	抑制亚硝胺，提高色泽
Ayadi M A.	卡拉胶	土耳其香肠	乳化剂和稳定剂等作用
Neumayerová H.	硝酸盐、亚硝酸盐	山羊肉香肠	抑菌、发色作用

总的来说，食品添加剂在香肠制品中的大量使用，出发点都是基于延长货架期、减缓脂肪氧化和肉类蛋白质腐败、改善肠体组织与风味、减少亚硝胺的生成、促进发色、抑制病原菌、降低毒素含量等方面。

同时，还有许多关于外源性添加物和食用物质的添加对改善香肠制品质量研究的报道。香肠制品的发酵成熟过程其实就是原料肉类的脂肪氧化和肉类蛋白降解过程，在这个过程会产生大量的游离脂肪酸和氨基酸。因此，像蛋白酶、脂肪酶、Mn^+等外源性添加物的加入，可以间接起到微生物发酵剂的作用，从而加速脂肪和蛋白降解过程，从而缩短香肠制品成熟时间。Zalacain I. 等人（1996）将来源于圆柱假丝酵母（*Candida cylindracea*）的脂肪酶应用于干香肠的生产，研究发现香肠成熟过程中肉类脂肪水解的活性明显增强，能够缩短香肠制品的成熟时间。Fernández M. 等人（1995）在香肠中添加胰脂肪酶（Pancreatic lipase），研究发现在发酵期间胰脂肪酶能够有效提高甘油二酯和游离脂肪酸的含量，从而增强香肠制品的风味。Petrón M. J. 等人（2013）研究了中性细菌蛋白酶（Neutral bacterial proteases）和真菌蛋白酶（Fungal proteases）在延长干腌香肠（Iberian dry−cured sausage）货架期的作用，结果显示该两种酶能够展现出良好的抗氧化活性功能，有效提高香肠的货架期，且真菌蛋白酶实验组还有改善肠体色泽的迹象。此外，由于Mn^{2+}是乳酸菌生长和代谢所必需的微量元素，添加外源Mn^{2+}对香肠制品的品质有促进和改善作用。Hagen B. F. 等人（2000）在乳酸发酵香肠中添加Mn^{2+}，发现外源Mn^{2+}不仅能够促进香肠制品中乳酸菌的迅速生长，大幅度缩短香肠成熟期，并且在一定程度上消除内源过氧自由基的毒性。Fadda S. 等人（2003）研究发现外源Mn^{2+}可以促进葡萄状球菌（*Staphylococcus carnosus* 833）中β−脱羧酶活性的释放，从而使香肠制品在发酵初期的pH迅速下降，抑制致病腐败菌的生长，减短香肠制品的成熟期。

一些食用物质也可用来改善香肠制品的品质。例如，某些叶菜类、根菜类蔬菜是天然的硝酸盐资源。这些蔬菜物质就是硝酸盐的良好代替品。Wójciak K. M. 等人（2014）研究利用芥菜籽代替亚硝酸盐的可能性，结果显示芥菜籽试验组中硝酸盐与肠体肉类反应较慢，但并不影响成熟期后的肠体色泽，且亚硝酸盐残量明显低于对照组。Sebranek J. G. 等人（2012）在第58届国际肉类科技大会中指出，芹菜粉及浓缩芹菜汁是亚硝酸盐在肉制品的最好替用品，是美国天然肉制品的福音。同时，针对这些天然的硝酸盐库的蔬菜在肉制品的使用普遍存在着还原硝酸盐的微生物生长缓慢的情况，一些具有高活性的还原硝酸盐的微生物逐渐被开发出来，例如，葡萄球菌属 *Staphylococcus xylosus*，*Staphylococcus oagulase negative*，*Staphylococcus carnosus* 等。

消费者"三高"健康问题日益突出，特别是在欧美国家更加严重。现有研究表明心血管疾病、糖尿病及肥胖都与脂肪摄入有直接关系。对于香肠制品而言，单纯减少脂肪含量会给香肠产品风味、色泽和口感等带来一系列的负面影响，有的甚至会让消费者难以接受。目前对香肠制品中的脂肪替代物研究也是热点问题，以满足人们在不危害个人身体健康的情况对传统香肠制品的消费需求。Yang H. S. 等人（2007）就尝试利用燕麦和豆腐作为猪肉香肠的填充物，以降低产品的脂肪含量，效果良好。Anderson E. T. 等人（2001）用豌豆淀粉制备低脂牛肉香肠，发现低脂牛肉饼咀嚼效果变硬而且产生一定的糊口性，但总体上不影响牛肉香肠的风味。Brewer M. S.（2012）研究指出，香肠制品中理想的脂肪替代品应该满足无色无味、低能量或无能量、口感滑腻、不参与影响肠体肉类风味物质发生反应，并且无任何副作用的性质。此外，像山药、木瓜淀粉、玉米等一系列物质均是香肠中脂肪替代物的理想目标对象，并有一些已见报道。

1.4.3 包装保鲜技术的应用

除了利用香肠制品内部因素来改善产品的品质外，我们还可以利用现代科技从香肠制品的外部因素入手，在不改变内部因素作用效果的前提下来改进香肠制品的品质质量。一些常用的包装技术均可以在香肠制品中使用。

例如真空包装。真空包装是用透气性不高的材料对食品进行密封包装，并对包装袋进行抽真空处理。采用充氮气调包装技术也可以保护香肠制品免于受空气中氧气的氧化，达到延长货架期的目的。Neumayerová H. 等人（2014）的研究为真空包装下的香肠制品品质提升提供借鉴。他们研究了香肠制品在真空包装条件下弓形虫（*Toxoplasma gondii*）寄生虫的存活能力，发现真空包装能够显著减少货架期间香肠制品中弓形虫的数量，且第 42 天时仍未检测到有存活的弓形虫。Cachaldora A. 等人（2013）分别利用以下三组 15∶35∶50/O_2∶N_2∶CO_2，60∶40/N_2∶CO_2，40∶60/N_2∶CO_2 对西班牙血肠（Morcilla）进行气调包装，研究显示尽管三组气调包装的血肠货架期相差不大，但具有高浓度的 CO_2 气调试验组却能够显著大幅度减少 TBARS 值，显示出较好的抑制脂质氧化能力。Liaros N. G. 等人（2009）研究了真空包装对不同脂肪含量发酵香肠品质的影响，结果显示真空包装更适合高脂肪含量的香肠，除了能带来有较好的风味效果，色泽上也比低脂肪含量的香肠制品鲜艳。

辐射杀菌作为一种保鲜方法在提高肉制品安全性和货架期延长等方面具有潜在的优势。Cabeza M. C. 等人（2013）研究电子束射线（E－beam irradiation）对西班牙香肠（Chorizo）品质的影响，发现 1.29 kGy 辐照剂量电子束射线能够杀死 10^2 cfu/g *L. monocytogenes* 致病菌，经过 2 kGy 辐照剂量处理的香肠感官品质没有出现任何异样。辐射技术对降低肉制品表面污染的微生物数量的确有显著效果。Samelis J. 等人（2005）用电离辐射处理希腊干香肠，结果表明经过 2 kGy 辐照剂量处理，香肠中李斯特菌属细菌（*Listeria spp.*）减少 22.6%，大肠杆菌（*Escherichia coli* O157：H7）减少 35.2%；当辐照剂量达到 4kGy，两致病菌分别减少 40% 和 91.6%，说明电离辐射对香肠制品中大肠杆菌抑制效果更佳明显。同时，Kim H. W. 等人（2014）利用 10 kGy 辐照剂量辐射处理过的猪肉作为原料肉加工熏香肠，同时生产工艺中加入韩国泡菜粉，研究结果显示以辐射处理猪肉加工的烟熏香肠产品货架期增加一倍以上，同时，借助电子鼻技术还能检测出由韩国泡菜粉带来的友好风味物质。Park J. G. 等人（2010）进行了伽马射线、电子束射线对牛肉香肠辐射杀菌的对比研究，发现相同辐射剂量下，除了电子束射线处理的香肠细菌总数略多外，在抗脂肪氧化程度、肠体色泽以及感官上都没有差异，并得出了最大可接受辐射剂量为 10 kGy。

同时，脱水技术也在延长香肠货架期得到应用。Wanangkarn A. 等人（2012）通过不同加工方法的简单变化，对台湾妈祖香肠的品质改进取得良好的效果。他们在生产工艺中把加工好的妈祖香肠放在 −30℃ 条件下冻藏 14 d，然后抽真空，再在 −30℃ 冻藏 3 d 取出，在之后在 4℃ 的环境下冷藏 28 d。该方法最大的亮点利用 −30℃ 低温条件对香肠进行脱水，延长香肠货架期达到 1 倍以上；同时，他们研究认为脱水处理使得肠体内部的 pH 急剧下降，有利于乳酸菌产酸发酵，而抽真空和 4℃ 条件下的长时间冷藏，能够有效减低脱水带来的产品口感变化。Soyer A. 等人（2004）利用高温脱水技术对土耳其香肠（Sucuks）加工工艺进行改造，研究发现采用 60℃ 对香肠进行烘干 48 h 处理，能够更好促进肠体肉色的发色，增进口感风味。

此外，食品超高压技术（Ultra-high Pressure Processing，UHP）也常应用在香肠原料肉的处理加工。一般是指在常温下或较低温度下用 100 MPa 以上压力对香肠原料肉进行处理，从而达到灭菌、改变肉制品的某些理化特性（例如肌肉的肌原纤维断裂，内源蛋白酶、钙激活酶的活性提高等）；同时，超高压处理技术仅仅是一个单纯的物理变化过程，能够较好保持了肉制品的营养价值、色泽和天然风味。

1.5　电子舌技术概述

人借助于眼、耳、鼻、口和手这五个感觉器官，感知事物的各种属性，并逐渐发展了感官评定技术。感官评定技术的核心问题就是差别检验。目前感官评定的各种指标虽不能完全量化，且易受评定者的差异性、疲劳性和主观性等问题的影响，但感官评定能快速评价出待感官事物的优劣，故目前仍然是世界各国广泛采用和承认的方法。随着现代仿生科技的进步，特别是智能感官技术的发展，逐步开发出模拟人类的视觉、嗅觉、味觉、听觉、触觉等感官仿生仪器，克服感官评定中存在的各种差异性，实现感官评定工作的科学客观化。

电子舌（Electronic Tongue，ET）是 20 世纪 90 年代快速发展的模仿人体味觉感官，识别物质味道的电子设备仪器。具体地说，电子舌其实就是利用一系列传感器阵列结合基于多元统计分析的模式识别系统方法，完成对样品整体特征总体分析。

1.5.1　电子舌的基本原理

我们知道，人类味觉是可溶性呈味物质溶解在人体口腔中，通过舌头肌肉运动作用将这些呈味物质与味蕾器官相接触，然后呈味物质刺激味蕾中的感知细胞，感知细胞再将这种刺激以脉冲的形式通过神经系统传至大脑系统，经大脑神经分析后产生味觉。当然，味觉器官除了可以感受酸、甜、苦、辣、咸等基本味道外，还能感受各种化学物质作用于味觉器官而引起的其他感觉。

图 1-2 为电子舌系统与人类的感官感知分析模式的比较。

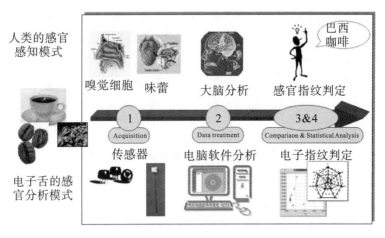

图 1-2　电子舌与人类感官感知分析模式的比较

电子舌系统中的传感器即相当于人体系统中舌头的味蕾、嗅觉细胞，各种不同的化学物质经过传感器阵列产生不同的传感信息，电脑在采集这些传感信号后，通过软件并借助一些模式识别方法进行分析处理，从而对这些不同性质的化学物质整体特征进行区分辨识，最后给出各个化学物质的识别信息。其中，最关键技术在于传感器阵列和模式识别。具体实现步骤如下：

（1）将性能各异的多个传感器组成阵列，借助精密测试电路，实现对被测化学物质的瞬时敏感检测。

（2）传感器阵列的响应经过滤波、模数转换（A/D 转换），应用特征提取技术对被测化学物质有用成分信息加以提取，形成多维响应传感信号原始矩阵数据。

（3）利用多元数据统计、SPSS 统计分析、神经网络等识别模式方法将矩阵数据转换为感官评定数值或组成成分的浓度值等，实现对被测化学物质的定性、定量分析。

因此，电子舌的工作原理可以简单概述为：被检测样品刺激传感器阵列，发生感应产生信号，然后通过对这些信号进行处理和模式识别，输出识别结果。

1.5.2　电子舌的类型和特点

20 世纪 90 年代，电子舌经历了一段较长的发展历程。近几年来，随着材料科学、计算机科学、仿生学的快速发展，电子舌技术得到较快发展，并展现出良好的应用前景。传感器是电子舌系统最为关键的核心部件。电子舌的不同分类类型就是根据不同的传感器来定义的。目前，常见电子舌系统传感器可分为电化学式和光学式两大类。电化学的传感器主要有金属氧化物型（Metal Oxide Semiconductor，MOS）传感器、导电型聚合物型（Conductive Polymers，CP）传感器等，光电类型的传感器主要有石英晶体微量天平（Quartz Crystal Microbalance，QCM）传感器、声表面波（Surface Acoustic Wave，SAW）传感器等。它们的优缺点见表 1—5。

表 1—5　常见电子舌传感器的优缺点比较

传感器类型	工作原理	优点	缺点
MOS	当传感器和气味相互作用时会使活性材料的导电性发生变化，信号以电路中电阻的变化来测量	重复性高 灵敏度高	基准响应可能漂移
CP	聚吡咯、噻吩、吲哚和呋喃等暴露在 VOC 中，由于化合物和聚合物的主骨架相结合，从而使聚合物的导电性发生改变	可在室温工作 灵敏度高	电聚合化过程耗时

续表

传感器类型	工作原理	优点	缺点
QCM	被聚合物涂层所吸附的气体分子会增加石英晶体的质量，因而会降低其共振频率，降低的程度则与被聚合物所吸附的有气味物质量成反比	灵敏度高	生产重复性差
SAW	吸附的气体分子改变了表面声波的共振频率	灵敏度高	寿命短，薄膜易老化

电子舌是一种非常有潜力的分析技术。近年来，有关电子舌技术的应用研究也逐渐增多，运用电子舌技术进行分析，具有以下几个方面的优点。

（1）操作简单，检测快速

样品自动进样进行检测，操作简单可靠；液体样品不需要任何前处理，可现场直接进行检测，5~10 分钟即可得到分析结果，节约大量的时间和检测耗材。同时，对于固体样品仅需做物理性的绞碎和萃取，无须用化学试剂对被测样品进行化学性损伤，具备了无损、快速检测的技术特征。

（2）检测结果准确、客观、稳定

电子舌使用的传感器具有极高的性能稳定性和可重复性，且灵敏度可达 ppm 甚至 ppb 级别，克服了人类感觉器官存在的疲劳性和主观性，检测结果具有较高的灵敏度、信息量丰富等特点。同时，样品检测结果还可以和特定的样品数据模型库相结合，从而达到定义和扩展结果的用途。

（3）应用范围广泛

对于腐蚀性样品或油脂类样品可轻松进行检测，同时对一些特殊场合（含有毒有害物质和真空环境、有辐射及深海等地方）更加适用。同时还可以与 GC/MS、HPLC/MS 联用，提供更加完整的样品检测结果信息。

1.5.3　电子舌的应用研究

从脸谱、指纹的图像图形智能识别，到声音、语音的自动分辨，一直到以电子鼻、电子舌为代表的感官识别。人工智能仿生技术一直是热门研究技术。电子舌作为 20 世纪 80 年代新兴起的一项科学技术，虽然目前仍然处于初级起步阶段，但已经表现出巨大的应用潜力。1985 年日本 Kyushu University 的 Kiyoshi Toko 教授项目组研发了世界上第一台电子舌，首次实现了酸、甜、苦、辣、咸五味基本味觉的区分。2000 年，法国 AlphaMOS 公司推出了世界上第一台商品化电子舌 Astree 仪器后，自此，电子舌技术进入了快速发展阶段，电子舌检测仪器的商业化，使得该项技术从实验室阶段逐渐转变到应用阶段。目前主要的商业化电子舌产品情况如表1-6。

表1-6　主要的商业化电子舌产品情况表

产品名称	公司名称	使用的传感器类型及数量
FOX 系列	法国 Alpha Mos 公司	MOS，6-18
TS 系列	日本 Insent 公司	MOS，3-15
BH 系列	英国 Bloodhound Sensors	CP，14
Cyranose 系列	美国 Cyrano 公司	CP，32
NST 系列	德国 Essen 公司	CP/MOS，16/8-16
ET 系列	德国 Lennartz Electronic	QCM/MOS，16
ZTongue	美国 Electronic Sensor 公司	SAW/MOS，12-18
PEN 系列	德国 WMA Airsense	MOS，10-18
QMB 系列	德国 HKR Sensor System	QCM，6

电子舌的应用范围涵盖了食品、制药、烟草、医学、环境、航空、航海等领域。特别是在食品领域，广泛用于酒类、饮料、茶叶、乳制品、蜂产品、食用油等的检测上，同时在水果、蔬菜农药残留检测以及水产、肉制品微生物检测也得到应用。表1-7为近年来电子舌技术的应用研究情况。

表1-7　电子舌技术的应用研究情况

时间	研究人员	研究内容	所属行业
2014	Kang B. S. 韩国	葡萄酒产地鉴别	食品
2014	Hong X. 中国	果汁掺假定性、定量研究	食品
2013	Modak A. 印度	红茶品质的区分	食品
2013	Nuñez L. 卡塔尔	饮用水污染的监控检测	环境
2013	Wei Z. 中国	未成熟梨子含糖量的监控预测	农业
2013	Tiwari K. 印度	掺假蜂蜜的定性识别	食品
2013	Breijo E. G. 西班牙	TNT 的安检研究	军事
2013	Ito M. 日本	药物苦味掩盖效果研究	医药
2012	Cetó X. 西班牙	总酚类物质的定量检测	化工
2012	Li S. 中国	高丽和东北人参的快速识别	医药

续表

时间	研究人员	研究内容	所属行业
2012	Zhang M. X. 中国	河豚食用品质的识别研究	渔业
2010	Arrieta Á. A. 西班牙	年份白酒的识别	食品
2009	Wang H. 中国	食醋发酵过程监控	酿造
2009	Dias L. A. 葡萄牙	羊奶掺假的识别研究	乳制品
2009	Valdé−Ramírez G. 法国	农药残余检测	农业
2008	Gil L. 西班牙	鱼新鲜度检测	渔业
2007	Cosio M. S. 意大利	橄榄油货架期识别	食品
2006	Gutés A. 西班牙	造纸废水监控	环境

1.6　研究内容与研究意义

1.6.1　研究的主要内容

本书按照如图 1−3 所示的技术路线，以四川传统肉制品川味香肠为研究对象，主要进行以下几个方面的研究。

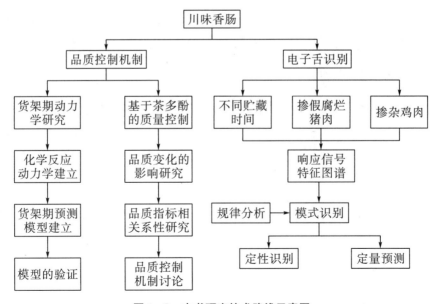

图 1−3　本书研究技术路线示意图

（1）川味香肠货架期预测的动力学模型研究

以川味香肠为研究对象，研究香肠制品货架期间品质变化规律，选择适合的动力学模型，确定模型参数和关键指标、制定不同参数的取值范围，初步建立香肠货架期动力学模型，然后再通过对该预测模型进行验证和优化，从而建立能够预测香肠货架期的动力学模型。

（2）植物源性添加物茶多酚对川味香肠品质的影响研究

通过茶多酚对川味香肠不同贮藏时间微生物指标、理化指标（主要包括pH值、硫代巴比妥酸 TBA 值、挥发性盐基氮 TVB－N 值、菌落总数等）的研究，探索茶多酚在减缓川味香肠贮藏过程中品质下降速度、延长货架期的具体影响。

（3）川味香肠品质控制机制研究

研究茶多酚对川味香肠发色效果的影响，通过对川味香肠颜色感官评分、发色率、色泽亮度 L^*，红度 a^*，黄度 b^*、亚硝酸钠残留量测定，以及以上参数指标之间 Pearson 相关性分析，探讨川味香肠发色、护色机制和品质控制机制。

（4）基于电子舌技术的川味香肠识别应用研究

主要包括不同贮藏时间、掺假不同腐败猪肉比例和掺杂不同鸡肉比例川味香肠的电子舌识别应用研究。通过研究香肠的电子舌信号响应特征，探明不同掺假类型的香肠电子舌信号响应规律，研究适用于电子舌检测香肠品质的模式识别方法，结合川味香肠常规的理化指标，建立相关检测模型，对不同类型的香肠进行定性、定量的识别，探索电子舌在香肠掺假量化检测技术的应用。

1.6.2　研究的目的意义

近年来频频暴发的各种肉制品安全事件，给人类健康带来极大危害，其影响深刻而长远。肉类制品安全问题已成为全球性关注的研热点究课题。川味香肠作为四川乃至西南地区传统的肉制品，对其食品品质的安全性控制及掺假识别的基础研究不多。

通过将预测动力学模型引入川味香肠货架期预测，并积极探讨天然食品添加剂茶多酚对川味香肠品质变化影响，研究香肠发色与亚硝酸盐残量的相关性，初步探讨川味香肠品质控制机制，将为川味香肠产品的开发、工艺参数的优化以及安全性的评价提供指导，为其他肉制品安全性方面的研究工作提供有价值的参考数据。

将电子仿生电子舌技术引入川味香肠品质监测，研究适用于电子舌检测不同贮藏时间、掺假腐败猪肉和掺杂鸡肉川味香肠的模式识别方法。同时，结合香肠常规的理化指标，建立相关检测模型，对不同类型的香肠进行定性、定量的识别研究，探索电子舌技术在川味香肠掺假量化快速检测上的应用，研究结果将突破传统检测技术，为实现肉制品掺假快速量化检测提供新技术平台与方法，从而推动川味香肠产品向安全化和智能化的工业方向发展，并为其他肉类制品的发展提供借鉴。

参考文献

[1] 工业和信息化部消费品工业司. 食品工业发展报告（2019 年度）[M]. 北京：中国轻工业出版社，2020.

[2] 虞华，虞丽娜. 2019 年我国生猪市场回顾及 2020 年形势展望 [J]. 肉类工业，2020，466（02）：7—12.

[3] 刘登勇，周光宏，徐幸莲. 我国肉制品的分类方法 [J]. 肉类工业，2006（11）：35—37.

[4] Sofos J N. Safety of food and beverages：meat and meat products [J]. Encyclopedia of Food Safety，2014（3）：268—279.

[5] 李良明. 现代肉制品加工大全 [M]. 北京：中国农业出版社，2001.

[6] 新华网. 欧洲马肉冒充牛肉事件席卷英法德等 16 国 [R/OL]（2013—02—13）[2013—02—13] http：//jjckb. xinhuanet. com/2013—02/13/content_428769. htm

[7] Zarringhalami S，Sahari M A，Hamidi—Esfehani Z. Partial replacement of nitrite by annatto as a colour additive in sausage [J]. Meat science，2009，81（1）：281—284.

[8] Harms C，Fuhrmann H，Nowak B，et al. Effect of dietary vitamin E supplementation on the shelf life of cured pork sausage [J]. Meat science，2003，63（1）：101—105.

[9] Ruiz—Moyano S，Martín A，Benito M J，et al. Screening of lactic acid bacteria and bifidobacteria for potential probiotic use in Iberian dry fermented sausages [J]. Meat science，2008，80（3）：715—721.

[10] Lin K W，Lin S N. Effects of sodium lactate and trisodium phosphate on the physicochemical properties and shelf life of low—fat Chinese—style sausage [J]. Meat science，2002，60（2）：147—154.

[11] Magra T I，Bloukas J G，Fista G A. Effect of frozen and dried leek on

processing and quality characteristics of Greek traditional sausages [J]. Meat science, 2006, 72 (2): 280—287.

[12] 王炜, 李洪军. 外源性添加剂对川式发酵香肠的品质影响 [J]. 肉类工业, 2005 (9): 19—23.

[13] Kulkarni S, DeSantos F A, Kattamuri S, et al. Effect of grape seed extract on oxidative, color and sensory stability of a pre－cooked, frozen, re—heated beef sausage model system [J]. Meat science, 2011, 88 (1): 139—144.

[14] 张淼, 何江红, 贾洪锋, 等. 复合香辛调味料对牦牛肉冷藏保鲜的影响 [J]. 中国调味品, 2012, 37 (4): 49—52.

[15] 李佳. 百里香在中式香肠中应用效果的研究 [D]. 西安: 陕西师范大学, 2006.

[16] Crews C. Processing Contaminants: N—Nitrosamines [J]. Encyclopedia of Food Safety, 2014 (2): 409—415.

[17] Hübner P, Studer E, Lüthy J. Quantitative competitive PCR for the detection of genetically modified organisms in food [J]. Food control, 1999, 10 (6): 353—358.

[18] DeFilippis L, Hoffmann E, Hampp R. Identification of somatic hybrids of tobacco generated by electrofusion and culture of protoplasts using RAPD—PCR [J]. Plant Science, 1996, 121 (1): 39—46.

[19] Lin W F, Hwang D F. Application of species－specific PCR for the identification of dried bonito product (Katsuobushi) [J]. Food chemistry, 2008, 106 (1): 390—396.

[20] Soares S, Amaral J S, Mafra I, et al. Quantitative detection of poultry meat adulteration with pork by a duplex PCR assay [J]. Meat science, 2010, 85 (3): 531—536.

[21] Ferrari M, Quaresima V. A brief review on the history of human functional near－infrared spectroscopy (fNIRS) development and fields of application [J]. Neuroimage, 2012, 63 (2): 921—935.

[22] Boselli E, Pacetti D, Curzi F, et al. Determination of phospholipid molecular species in pork meat by high performance liquid chromatography - tandem mass spectrometry and evaporative light scattering detection [J]. Meat science, 2008, 78 (3): 305—313.

［23］ Favaro G，Pastore P，Saccani G，et al. Determination of biogenic amines in fresh and processed meat by ion chromatography and integrated pulsed amperometric detection on Au electrode ［J］. Food chemistry，2007，105 （4）：1652－1658.

［24］ 欧盟划拨专款资助成员国普查牛肉食品掺假问题 ［J］. 中国日报网，2013.

［25］ 互动百科，香肠 ［EB/OL］，（2019－12－20）［2019－12－21］http：//www. baike. com/wiki/香肠.

［26］ 360 百科，香肠 ［EB/OL］，（2014－4－12）［2014－6－21］https：//baike. so. com/doc/5677693－5890366. html.

［27］ 夏文水. 肉制品加工原理与技术 ［M］. 北京：化学工业出版社，2003.

［28］ Rantsiou K，Cocolin L. New developments in the study of the microbiota of naturally fermented sausages as determined by molecular methods：a review ［J］. International Journal of Food Microbiology，2006，108 （2）：255－267.

［29］ 王炜. 川味香肠的现状与发展 ［J］. 肉类工业，2006 （8）：31－34.

［30］ 易小艳. 新型发酵香肠工艺条件的优化及其理化性质变化的研究 ［D］. 长春：吉林农业大学，2009.

［31］ GB/T 23493－2009，中式香肠 ［S］. 北京：中华人民共和国卫生部，2009.

［32］ 许鹏丽. 广式腊肠的品质控制及其特征风味的研究 ［D］. 广州：华南理工大学，2010.

［33］ Ganhão R，Estévez M，Morcuende D. Suitability of the TBA method for assessing lipid oxidation in a meat system with added phenolic－rich materials ［J］. Food chemistry，2011，126 （2）：772－778.

［34］ 陈艳，阎志农. 减菌化预处理对鲜鱼冷藏保鲜的影响 ［J］. 食品科学，2003，24 （1）：135－139.

［35］ Abu Youssef H A，Elshazly M I，Rashed L A，et al. Thiobarbituric acid reactive substance （TBARS） a marker of oxidative stress in obstructive sleep apnea ［J］. Egyptian Journal of Chest Diseases and Tuberculosis，2014，63 （1）. 119－124.

［36］ Skulimowski M. Construction of time covariant POV measures ［J］. Physics Letters A，2002，297 （3）：129－136.

[37] GB/T 5009.37—2003，食用植物油卫生标准的分析方法 [S]. 北京：中华人民共和国卫生部，2003.

[38] 杨冠丰，唐书泽，刘永强. 以科学为依据，取消酸价作为腌腊肉制品的卫生指标 [N]. 粤港食品信息，2008，(1)：42—48.

[39] 白赵霞，控制腊肠脂肪酸败和稳定腊肠色泽的应用研究 [D]. 北京：中国农业大学，2002.

[40] 郭锡铎. 我对腌腊肉制品卫生标准的异议 [J]. 肉类工业，2006 (10)：37—41.

[41] 中国肉类协会. 关于对脂肪氧化酸败程度指标的综合反馈意见 [S]. 北京：中肉协 (2005) 15 号文件，2005.

[42] 汪金林，赵进，吕卫金，等. 原花青素对冷藏养殖大黄鱼鱼片保鲜效果研究 [J]. 中国食品学报，2013 (2)：130—136.

[43] GB 2707—2005. 鲜（冻）畜肉卫生标准 [S]. 北京：中华人民共和国卫生部，2005.

[44] Jouki M, Mortazavi S A, Tabatabaei Yazdi F, et al. Effect of quince seed mucilage edible films incorporated with oregano or thyme essential oil on shelf life extension of refrigerated rainbow trout fillets [J]. International journal of food microbiology, 2014, 174 (17): 88—97.

[45] Heising J K, van Boekel M, Dekker M Dekker. Mathematical models for the trimethylamine（TMA）formation on packed cod fish fillets at different temperatures [J]. Food Research International, 2014 (56), 272—278.

[46] 杨文鸽，薛长湖，徐大伦，等. 大黄鱼冰藏期间 ATP 关联物含量变化及其鲜度评价 [J]. 农业工程学报，2007，23 (6)：217—222.

[47] 赵进，汪金林，励建荣，等. 茶多酚浸泡大黄鱼片真空包装 0℃贮藏期间品质变化特性 [J]. 茶叶科学，2012，32 (4)：297—304.

[48] 范文教，孙俊秀，陈云川，等. 壳聚糖可食性涂膜冷藏保鲜鲢鱼的研究 [J]. 江苏农业科学，2011 (4)：314—316.

[49] Ehira S, Fujii T. Changes in viable bacterial count of sardine during partially frozen storage [J]. Bulletin of the Japanese Society of Scientific Fisheries. 1980, 46 (11): 1419—1419.

[50] 周玮婧，陈亚雄. 茶多酚对腌制猪肉护色效果的影响 [J]. 食品科技，2011，36 (11)：117—119.

[51] Karlsson A，Lundström K. Meat pigment determination by a simple and non−toxic alkaline haematin method— （An alternative to the Hornsey and the cyanometmyoglobin methods） ［D］. Meat science，1991，29 （1）：17−24.

[52] International Commission of Illumination . Illumination of mines ：Weis，B. In：Preceedings of the 20th Session of the International Commission on Illumination ［N］. 1983，1：4−6.

[53] United States Department of Agriculture. Food Standards and Labeling Policy Book ［S］. USA. 2005.

[54] 孙冬梅. 富硝芹菜粉关键生产工艺及其在肉制品中的应用 ［D］. 苏州：江南大学，2012.

[55] 刘登勇，周光宏，徐幸莲. 肉制品中亚硝酸盐替代物的讨论 ［J］. 肉类工业，2005 （12）：17−21.

[56] GB 2760−2011. 食品添加剂使用标准 ［S］. 北京：中华人民共和国卫生部，2011.

[57] 陈颖. 传统中式香肠中生物胺生物控制技术的研究 ［D］. 石河子：石河子大学，2011.

[58] 朱璐. 风干肠中发酵剂的筛选及其在香肠中作用机理的研究 ［D］. 长春：吉林农业大学，2011.

[59] 沈清武. 发酵干香肠成熟过程中的菌相变化及发酵剂对产品质量的影响 ［D］. 北京：中国农业大学，2004.

[60] Hammes W P, Bosch I, Wilf G. Contribution of Stahulococcus carnosus and *Staphylococcus piscifermentants* to the fermentation of protein food ［J］. Appl Bacteriol，Symp，1995，79：76−83.

[61] Nychas G J E. *Staphylococcus*：their role in fermented sausages ［J］. J Appl Bacteriol，Symp，1990，167−188.

[62] Sofos J N. Safety of food and beverages：meat and meat products ［J］. Encyclopedia of Food Safety，2014 （3）：268−279.

[63] Rubio R，Jofré A，Martín B，et al. Characterization of lactic acid bacteria isolated from infant faeces as potential probiotic starter cultures for fermented sausages ［J］. Food microbiology，2014 （38）：303−311.

[64] Danilović B，Joković N，Petrović L，et al. The characterisation of lactic acid bacteria during the fermentation of an artisan Serbian sausage

(Petrovská Klobása) [J]. Meat science, 2011, 88 (4): 668—674.

[65] Albano H, Oliveira M, Aroso R, et al. Antilisterial activity of lactic acid bacteria isolated from "Alheiras" (traditional Portuguese fermented sausages): In situ assays [J]. Meat Science, 2007, 76 (4): 796—800.

[66] Olesen P T, Meyer A S, Stahnke L H. Generation of aroma compounds in a fermented sausage meat model system by Debaryomyces hansenii strains [J]. Food Chemistry, 2014, 151 (15): 364—373.

[67] Bolumar T, Sanz Y, Flores M, et al. Sensory improvement of dry— fermented sausages by the addition of cell — free extracts from Debaryomyces hansenii and Lactobacillus sakei [J]. Meat Science, 2006, 72 (3): 457—466.

[68] Laura P, María C, García Fontán J.C., et al. Study of the counts, species and characteristics of the yeast population during the manufacture of dry—cured "lacón" [J]. Food Microbiology, 2013, 34 (1): 12—18.

[69] Victoria B, Juan J C, Rodríguez M, et al. Effect of Penicillium nalgiovense as protective culture in processing of dry—fermented sausage "salchichón" [J]. Food Control, 2013, 32 (1): 69—76.

[70] Papagianni M, Ambrosiadis I, Filiousis G. Mould growth on traditional greek sausages and penicillin production by Penicillium isolates [J]. Meat Science, 2007, 76 (4): 653—657.

[71] GB 2760—2011. 食品添加剂使用标准 [S]. 北京：中华人民共和国卫生部，2011.

[72] Berasategi I, Navarro—Blasco Í, Calvo M I, et al. Healthy reduced—fat Bologna sausages enriched in ALA and DHA and stabilized with Melissa officinalis extract [J]. Meat Science, 2014, 96 (3): 1185—1190.

[73] Crist C A, Williams J B, Schilling M W, et al. Impact of sodium lactate and vinegar derivatives on the quality of fresh Italian pork sausage links [J]. Meat Science, 2014, 96 (4): 1509—1516.

[74] Soultos N, Tzikas Z, Abrahim A, et al. Chitosan effects on quality properties of Greek style fresh pork sausages [J]. Meat science, 2008, 80 (4): 1150—1156.

[75] Harms C, Fuhrmann H, Nowak B, et al. Effect of dietary vitamin E supplementation on the shelf life of cured pork sausage [J]. Meat

science，2003，63（1）：101-105.

[76] Hampikyan H，Ugur M. The effect of nisin on L. monocytogenes in Turkish fermented sausages（sucuks）[J]. Meat Science，2007，76（2）：327-332.

[77] Astruc T，Labas R，Vendeuvre J L，et al. Beef sausage structure affected by sodium chloride and potassium lactate [J]. Meat science，2008，80（4）：1092-1099.

[78] Liu D C，Tsau R T，Lin Y C，et al. Effect of various levels of rosemary or Chinese mahogany on the quality of fresh chicken sausage during refrigerated storage [J]. Food chemistry，2009，117（1）：106-113.

[79] Maqsood S，Benjakul S，Balange A K. Effect of tannic acid and kiam wood extract on lipid oxidation and textural properties of fish emulsion sausages during refrigerated storage [J]. Food Chemistry，2012，130（2）：408-416.

[80] Jung E Y，Yun I，Go G，et al. Effects of*radix puerariae* extracts on physicochemical and sensory quality of precooked pork sausage during cold storage [J]. LWT-Food Science and Technology，2012，46（2）：556-562.

[81] Lorenzo J M，González-Rodríguez R M，Sánchez M，et al. Effects of natural（grape seed and chestnut extract）and synthetic antioxidants（buthylatedhydroxytoluene，BHT）on the physical，chemical，microbiological and sensory characteristics of dry cured sausage "chorizo" [J]. Food Research International，2013，54（1）：611-620.

[82] Schuh V，Allard K，Herrmann K，et al. Impact of carboxymethyl cellulose（CMC）and microcrystalline cellulose（MCC）on functional characteristics of emulsified sausages [J]. Meat science，2013，93（2）：240-247.

[83] Georgantelis D，Ambrosiadis I，Katikou P，et al. Effect of rosemary extract，chitosan and α-tocopherol on microbiological parameters and lipid oxidation of fresh pork sausages stored at 4℃ [J]. Meat Science，2007，76（1）：172-181.

[84] Nieto G，Jongberg S，Andersen M L，et al. Thiol oxidation and protein cross-link formation during chill storage of pork patties added essential

oil of oregano, rosemary, or garlic [J]. Meat science, 2013, 95 (2):
177—184.

[85] Bover—Cid S, Miguélez—Arrizado M J, Vidal—Carou M C. Biogenic
amine accumulation in ripened sausages affected by the addition of
sodium sulphite [J]. Meat science, 2001, 59 (4): 391—396.

[86] Aaslyng M D, Vestergaard C, Koch A G. The effect of salt reduction on
sensory quality and microbial growth in hotdog sausages, bacon, ham
and salami [J]. Meat science, 2014, 96 (1): 47—55.

[87] Ayadi M A, Kechaou A, Makni I, et al. Influence of carrageenan
addition on turkey meat sausages properties [J]. Journal of Food
Engineering, 2009, 93 (3): 278—283.

[88] Neumayerová H, Juránková J, Saláková A, et al. Survival of
experimentally induced Toxoplasma gondii tissue cysts in vacuum packed
goat meat and dry fermented goat meat sausages [J]. Food
microbiology, 2014 (39): 47—52.

[89] Zalacain I, Zapelena M J, Astiasaran I, et al. Addition of lipase from
Candida cylindrace to a traditional formulation of a dry fermented sausage
[J]. Meat science, 1996, 42 (2): 155—163.

[90] Fernández M, De la Hoz L, Díaz O, et al. Effect of the addition of
pancreatic lipase on the ripening of dry—fermented sausages—Part 1.
Microbial, physico—chemical and lipolytic changes [J]. Meat science,
1995, 40 (2): 159—170.

[91] Petrón M J, Broncano J M, Otte J, et al. Effect of commercial proteases
on shelf—life extension of Iberian dry—cured sausage [J]. LWT—Food
Science and Technology, 2013, 53 (1): 191—197.

[92] Hagen B F, Næs H, Holck A L. Meat starters have individual
requirements for Mn $^{2+}$ [J]. Meat science, 2000, 55 (2): 161—168.

[93] Fadda S, Leroy - Sétrin S, Talon R. Preliminary characterization of β—
decarboxylase activities in Staphylococcus carnosus 833, a strain used in
sausage fermentation [J]. FEMS microbiology letters, 2003, 228 (1):
143—149.

[94] Wójciak K M, Karwowska M, Dolatowski Z J. Use of acid whey and
mustard seed to replace nitrites during cooked sausage production [J].

Meat science, 2014, 96 (2): 750—756.

[95] Sebranek J G, Jackson—Davis A L, Myers K L, et al. Beyond celery and starter culture: Advances in natural/organic curing processes in the United States [J]. Meat science, 2012, 92 (3): 267—273.

[96] Yang H S, Choi S G, Jeon J T, et al. Textural and sensory properties of low fat pork sausages with added hydrated oatmeal and tofu as texture —modifying agents [J]. Meat science, 2007, 75 (2): 283—289.

[97] Anderson E T, Berry B W. Effects of inner pea fiber on fat retention and cooking yield in high fat ground beef [J]. Food Research International, 2001, 34 (8): 689—694.

[98] Brewer M S. Reducing the fat content in ground beef without sacrificing quality: A review [J]. Meat science, 2012, 91 (4): 385—395.

[99] Neumayerová H, Juránková J, Saláková A, et al. Survival of experimentally induced Toxoplasma gondii tissue cysts in vacuum packed goat meat and dry fermented goat meat sausages [J]. Food microbiology, 2014 (39): 47—52.

[100] Cachaldora A, García G, Lorenzo J M, et al. Effect of modified atmosphere and vacuum packaging on some quality characteristics and the shelf—life of "morcilla", a typical cooked blood sausage [J]. Meat science, 2013, 93 (2): 220—225.

[101] Liaros N G, Katsanidis E, Bloukas J G. Effect of the ripening time under vacuum and packaging film permeability on processing and quality characteristics of low — fat fermented sausages [J]. Meat science, 2009, 83 (4): 589—598.

[102] Cabeza M C, de la Hoz L, Velasco R, et al. Safety and quality of ready —to—eat dry fermented sausages subjected to E—beam radiation [J]. Meat science, 2009, 83 (2): 320—327.

[103] Samelis J, Kakouri A, Savvaidis I N, et al. Use of ionizing radiation doses of 2 and 4kGy to control Listeria spp. and Escherichia coli O157: H7 on frozen meat trimmings used for dry fermented sausage production [J]. Meat science, 2005, 70 (1): 189—195.

[104] Kim H W, Choi J H, Choi Y S, et al. Effects of kimchi and smoking on quality characteristics and shelf life of cooked sausages prepared with

irradiated pork [J]. Meat science, 2014, 96 (1): 548−553.

[105] Park J G, Yoon Y, Park J N, et al. Effects of gamma irradiation and electron beam irradiation on quality, sensory, and bacterial populations in beef sausage patties [J]. Meat science, 2010, 85 (2): 368−372.

[106] Wanangkarn A, Liu D C, Swetwiwathana A, et al. An innovative method for the preparation of mum (Thai fermented sausages) with acceptable technological quality and extended shelf − life [J]. Food chemistry, 2012, 135 (2): 515−521.

[107] Soyer A, Ertaş A H, Üzümcüog˘lu Ü. Effect of processing conditions on the quality of naturally fermented Turkish sausages (sucuks) [J]. Meat science, 2005, 69 (1): 135−141.

[108] Alpha MOS, Fox4000 electronic nose advance user manual [R]. 2010.

[109] 肖宏. 基于电子舌技术的龙井茶滋味品质检测研究 [D]. 杭州：浙江大学，2010.

[110] Peris M, Escuder − Gilabert L. On − line monitoring of food fermentation processes using electronic noses and electronic tongues: A review [J]. Analytica chimica acta, 2013 (804): 29−36.

[111] Krantz−Rülcker C, Stenberg M, Winquist F, et al. Electronic tongues for environmental monitoring based on sensor arrays and pattern recognition: a review [J]. Analytica chimica acta, 2001, 426 (2): 217−226.

[112] Escuder−Gilabert L, Peris M. Review: Highlights in recent applications of electronic tongues in food analysis [J]. Analytica Chimica Acta, 2010, 665 (1): 15−25.

[113] Mimendia A, Gutiérrez J M, Leija L, et al. A review of the use of the potentiometric electronic tongue in the monitoring of environmental systems [J]. Environmental Modelling & Software, 2010, 25 (9): 1023−1030.

[114] Kang B S, Lee J E, Park H J. Electronic tongue−based discrimination of Korean rice wines (makgeolli) including prediction of sensory evaluation and instrumental measurements [J]. Food chemistry, 2014 (151): 317−323.

[115] Hong X, Wang J. Detection of adulteration in cherry tomato juices

based on electronic nose and tongue: Comparison of different data fusion approaches [J]. Journal of Food Engineering, 2014, 126: 89−97.

[116] Modak A, Mondal S, Tudu B, et al. Fusion of Electronic Nose and Tongue Response Using Fuzzy based Approach for Black Tea Classification [J]. Procedia Technology, 2013 (10): 615−622.

[117] Nuñez L, Cetó X, Pividori M I, et al. Development and application of an electronic tongue for detection and monitoring of nitrate, nitrite and ammonium levels in waters [J]. Microchemical Journal, 2013 (110): 273−279.

[118] Wei Z, Wang J. The evaluation of sugar content and firmness of non−climacteric pears based on voltammetric electronic tongue [J]. Journal of Food Engineering, 2013, 117 (1): 158−164.

[119] Tiwari K, Tudu B, Bandyopadhyay R, et al. Identification of monofloral honey using voltammetric electronic tongue [J]. Journal of Food Engineering, 2013, 117 (2): 205−210.

[120] Breijo E G, Pinatti C O, Peris R M, et al. TNT detection using a voltammetric electronic tongue based on neural networks [J]. Sensors and Actuators A: Physical, 2013 (192): 1−8.

[121] Ito M, Ikehama K, Yoshida K, et al. Bitterness prediction of H1−antihistamines and prediction of masking effects of artificial sweeteners using an electronic tongue [J]. International journal of pharmaceutics, 2013, 441 (1): 121−127.

[122] Cetó X, Gutiérrez−Capitán M, Calvo D, et al. Beer classification by means of a potentiometric electronic tongue [J]. Food chemistry, 2013, 141 (3): 2533−2540.

[123] Li S, Li X, Wang G, et al. Rapid discrimination of Chinese red ginseng and Korean ginseng using an electronic nose coupled with chemometrics [J]. Journal of pharmaceutical and biomedical analysis, 2012 (70): 605−608.

[124] Zhang M X, Wang X C, Liu Y, et al. Isolation and identification of flavour peptides from Puffer fish (Takifugu obscurus) muscle using an electronic tongue and MALDI − TOF/TOF MS/MS [J]. Food Chemistry, 2012, 135 (3): 1463−1470.

[125] Arrieta Á A, Rodríguez-Méndez M L, De Saja J A, et al. Prediction of bitterness and alcoholic strength in beer using an electronic tongue [J]. Food chemistry, 2010, 123 (3): 642−646.

[126] 王慧. 电子舌在食醋品质检测及食醋发酵过程监控中的应用 [D]. 镇江：江苏大学，2009.

[127] Dias L A, Peres A M, Veloso A C A, et al. An electronic tongue taste evaluation: Identification of goat milk adulteration with bovine milk [J]. Sensors and Actuators B: Chemical, 2009, 136 (1): 209−217.

[128] Valdés-Ramírez G, Gutiérrez M, Del Valle M, et al. Automated resolution of dichlorvos and methylparaoxon pesticide mixtures employing a Flow Injection system with an inhibition electronic tongue [J]. Biosensors and Bioelectronics, 2009, 24 (5): 1103−1108.

[129] Gil L, Barat J M, Escriche I, et al. An electronic tongue for fish freshness analysis using a thick − film array of electrodes [J]. Microchimica Acta, 2008, 163 (2): 121−129.

[130] Cosio M S, Ballabio D, Benedetti S, et al. Evaluation of different storage conditions of extra virgin olive oils with an innovative recognition tool built by means of electronic nose and electronic tongue [J]. Food Chemistry, 2007, 101 (2): 485−491.

[131] Gutés A, Cespedes F, Del Valle M, et al. A flow injection voltammetric electronic tongue applied to paper mill industrial waters [J]. Sensors and Actuators B: Chemical, 2006, 115 (1): 390−395.

第2章 动力学模型预测川味香肠货架期的研究

2.1 引言

香肠中因含有大量的蛋白质和脂肪酸，在贮藏过程中极易受到肉类致病菌等腐败微生物污染而导致其脂质氧化和蛋白质腐败变质。同时，随着对香肠制品中微生物研究的深入，各种乳酸菌、球菌、酵母菌及霉菌等微生物发酵菌陆续被分离并应用到了香肠制品中，大大缩短了香肠的生产周期，并使其风味品质及质量更稳定，货架期更长。但是，由于引入优势发酵菌种相应增加了香肠的微生物菌相，使得其在发酵和贮藏过程中的生物化学变化更加复杂，特别是香肠的风味物质成分诸如醇类、醛类、羧酸类、杂环硫化物类等阈值较低的芳香风味化合物都是香肠复杂微生物菌相在发酵过程中发生一系列反应的结果，造成腐败微生物菌相和有益微生物菌相的界线鉴定难度加大，最终影响微生物指标检测香肠品质变化的准确性。近年来，香肠制品的食物中毒事件严重危害了国民的健康。因此，准确预测香肠贮藏过程中的品质变化及货架期对香肠产品的开发，对工艺参数的优化以及安全性的评价具有实际意义。目前，应用动力学模型预测肉类食品货架期的研究已有大量报道，研究对象包括鱼丸、板鸭、冷却猪肉等。然后，利用动力学模型预测香肠肉制品货架期的研究尚未见报道。

在此背景下，本章以四川乃至西南地区传统的肉制品川味香肠为研究对象，通过对川味香肠在不同温度下的脂肪氧化指标硫代巴比妥酸（The 2−thiobarbituric acid，TBA）和蛋白质腐败指标挥发性盐基氮（Total volatile basic nitrogen，TVB−N）变化规律的研究，选择适合的动力学模型，确定模型参数和关键指标、制定不同参数的取值范围，建立香肠货架期动力学模型，然后再通过对该预测模型进行验证和优化，从而建立能够反映香肠货架期品质

37

变化的动力学模型，为香肠的安全生产和贮运的预测预报体系提供基础数据依据。

2.2 试验材料和仪器

2.2.1 试验材料

（1）香肠原料

鲜猪前腿肉、鲜猪背膘、盐渍肠衣（猪小肠）（购于成都市龙泉驿区平安市场）、辅料：食盐、味精、绵白糖、生姜、曲酒、花椒粉、辣椒粉等（市购）。

（2）化学试剂（均为国产分析纯、化学纯或生化试剂）

氯化钠、氢氧化钠、盐酸、无水硫酸钠、氯化钙、硫酸铵、氧化镁混悬液、硼酸溶液、硫代巴比妥酸溶液等。

2.2.2 试验仪器

试验所用的主要仪器有：旋转蒸发仪、酸度计、循环水式真空泵、紫外-可见分光光度计、电子分析天平（精度为 0.1 mg）、恒温摇床、恒温培养箱、低速台式离心机、高速冷冻离心机、水浴锅、电热鼓风干燥箱等。

2.3 试验方法

2.3.1 川味香肠的制备

分别将鲜猪前腿瘦肉、鲜猪背膘肥肉绞成丝，按肥瘦比 3：7 配合，辅料按每 10 kg 肉加盐 260 g、白糖 100 g、味精 50 g、花椒粉 20 g、辣椒粉 24 g、生姜 16 g、曲酒 200 g，然后将原料混合均匀，灌肠、洗肠、打针眼，于烘箱 50℃烘焙 48 h，后置 5℃、10℃、15℃的环境下贮藏（其中，模型验证的环境温度为 8℃、12℃和 20℃）。在贮藏期内，每隔 7 d 按 AOAC 分析方法取样进行挥发性盐基氮、硫代巴比妥酸的测定。

2.3.2 挥发性盐基氮（TVB-N）的测定

按半微量蒸馏法进行测定。香肠除去肠衣，称取 10.00 g 绞碎置于烧杯中加蒸馏水至 100 mL，均匀搅拌后静置 30 min 过滤，取 5 mL 滤液和 5 mL 10 g/L氧化镁混悬液混合于蒸馏器反应室蒸馏，用 0.01 mol/L 标准盐酸溶液滴定馏出液，根据消耗的盐酸量计算 TVB-N 的含量。

2.3.3　硫代巴比妥酸（TBA）的测定

按硫代巴比妥酸实验法测定。香肠除去肠衣，称取 10.00 g 绞碎置于凯氏蒸馏瓶中，加入 20 mL 蒸馏水搅拌均匀，然后加 2 mL 盐酸溶液（1∶2）及 2mL 液体石蜡。采用水蒸气蒸馏，收集 50 mL 蒸馏液。取 5 mL 蒸馏液与 5 mL TBA 醋酸溶液充分混合，再水浴（100℃）加热 35 min 后冷却，在 535 nm 处测吸光度 A。以蒸馏水为空白样。TBA$=A\times 7.8$（mg/100 g）。

2.3.4　香肠货架期预测模型的建立

香肠货架期品质变化指标 TBA 和 TVB-N 的测定都是根据香肠在贮藏过程中化学反应引起的反应产物浓度变化，其化学品质变化与贮藏时间之间的关系遵循化学反应动力学模型，所以产品的化学品质变化可通过该模型进行预测；同时，由于化学反应速率是温度的函数，因此结合 Arrhenius 方程可以预测川味香肠在不同贮藏温度下品质的货架期。

2.3.5　香肠货架期预测模型验证和评价

比较香肠货架期实测值和由货架期预测模型计算得出的预测值，计算相对误差，评价香肠货架期预测模型的准确性。模型验证的贮藏环境温度为 8℃、12℃和 20℃。

2.3.6　数据处理

试验数据均为 3 次平行试验的平均值，用方差分析和 Duncan 多重检验法来检验平均值间的差异显著性。

2.4　结果和讨论

2.4.1　不同贮藏温度下川味香肠 TVB-N 含量的变化

挥发性盐基氮（TVB-N）是指肉类产品因内源酶或细菌的作用，致使肉类蛋白质分解而产生的氨、胺类等碱性含氮挥发性物质，它是衡量肉类制品腐败变质的重要指标之一，是我国国标中用于评价肉质鲜度的唯一理化指标。目前一般认为 TVB-N 值超过 30 mg/100 g 就可以判定肉类产品已经腐败变质。

川味香肠在不同贮藏温度下 TVB-N 值的变化如图 2-1 所示。可以看出，整个贮藏期间香肠 TVB-N 值变化趋势为先上升后下降，再快速上升。其下降原因可能是碱性含氮挥发性物质与贮藏过程中香肠产生的酸性风味物质相结合有关。Fonseca S. 等人在研究西班牙传统香肠的品质变化规律时发现，TVB-N 值变化规律与产品中乳酸菌数的变化规律具有一定相关性，他们认为在香肠贮藏前期，乳酸菌的快速累积使得肠体内部环境 pH 值迅速下降，会抑制香肠内部的生物酶或腐败微生物活性，从而延缓肉类蛋白分解产生氨以及胺类等碱性含氮物质这一过程；Šetar M. 等人则认为香肠制品在贮藏前期 TVB-N 值的无规律变化趋势可能是由于香肠中乳酸菌产酸的干扰，他们认为现行的 TVB-N 值测定方法属于酸碱滴定，而香肠酸度在贮藏前期因乳酸菌产酸的原因，会直接中和碱性含氮物质，影响 TVB-N 值的变化。此外，他们研究还认为贮藏初期香肠的水分活度变化也是影响该测量值的因素之一。Mora-Gallego H. 等人对生香肠进行烟熏处理，人为避开因乳酸菌产酸干扰这一因素，但在检测产品的 TVB-N 值时，发现仍旧有一个迅速下降的过程。他们认为这个过程可能就是香肠中酸性的风味物质形成的过程，并建议贮藏前期的 TVB-N 值不适合作为香肠肉制品的化学指标。

同时，从图 2-1 我们也可以发现，在不同贮藏温度下香肠的 TVB-N 值随着贮藏温度的升高，TVB-N 值增加。这一研究结果与国内外相关研究结果一致。国内学者 Xu Y. 在考察不同温度（15~37℃）对鱼肉香肠的 TVB-N 值影响时，发现当温度在 30℃以上时，TVB-N 值与温度的相关性出现显著；温度在 23~30℃时，两者的相关性需在贮藏中期（18d 以后）才出现显著。Chou C.C. 等人在温度对台湾香肠货架期影响的研究中发现，贮藏温度每提升 10℃，香肠的货架期要缩短约 30%，他们分析认为温度是香肠脂质氧化和蛋白质腐败加速的关键因素。Ikoni P. 等人在对塞尔维亚传统香肠的研究中也有类似的发现，他们认为温度的提升不仅会加快致病微生物菌生长繁殖速度，还会大幅度缩短香肠发酵过程中乳酸菌产酸的时间，间接影响乳酸对腐败菌抑制率，从而导致肉质蛋白腐败的加剧。总的来说，温度是香肠制品中蛋白质腐败变质的关键因素之一，较高的温度会加快微生物繁殖速度和内源酶的活性，导致较快的肉类蛋白质分解速率，从而表现为较高的 TVB-N 值。

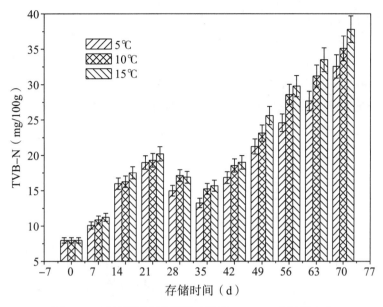

图 2-1　不同贮藏温度下川味香肠 TVB-N 含量的变化

2.4.2　不同贮藏温度下川味香肠 TBA 含量的变化

硫代巴比妥酸值（TBA）可反映肉类产品脂肪氧化酸败程度，属于极好的脂肪氧化判断指标。它与肉类脂肪氧化程度有很强的相关性，TBA 值越大，表明脂肪的氧化程度越高，氧化酸败就越严重。一般认为，当 TBA 值大于 0.5 mgMAD/kg 时，表明氧化开始进行，当 TBA 值超过 3 mgMAD/kg，可判定肉类产品已经腐败变质。

不同贮藏温度下川味香肠 TBA 值的变化如图 2-2 所示。可以看出随着贮藏时间的增加，香肠 TBA 值呈上升趋势。贮藏温度在 15℃的香肠在第 19 d 就已经开始进入氧化酸败阶段，而温度在 5℃的香肠要在第 31 d 才进入这个阶段。这说明温度对香肠的脂肪氧化酸败具有一定的影响作用，温度越高，香肠的脂肪氧化酸败速度越快。同时，从图 2-1 和图 2-2 综合分析我们可以得出，当 TVB－N 值超过 30 mg/100g 这上限时，TBA 值远远未达到 3 mgMAD/kg，表明香肠的脂肪氧化酸败程度远低于肉蛋白质分解腐烂程度。因此，我们取 TVB－N 值为 30 mg/100g 时香肠相对应的 TBA 值1.1 mg MAD/kg 为货架期终点。

关于香肠肉制品中脂肪氧化酸败程度与肉蛋白质分解腐烂程度的相关性研究非常多也非常成熟。Liu S. 等人研究发现在中式发酵香肠中以 TBA 值为指标的货架期要大于 TVB-N 值；而 Menegas L. Z. 等人在鸡肉发酵香肠中的货架期研究结果却恰恰相反，当鸡肉香肠贮藏过程中 TVB-N 值为23.5 mg/100g时，TBA 值就达到了货架终点值（3 mgMAD/kg）。总的来说，这两者的相关性在贮藏后期要明显好于贮藏前期，且到货架终点时的可接受程度与香肠制品的原料成分、贮藏环境、外源添加物的种类和性质以及包装方式等密切相关。

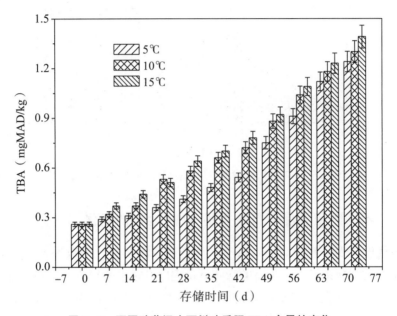

图 2-2 不同贮藏温度下川味香肠 TBA 含量的变化

2.4.3 川味香肠化学反应动力学模型的建立

食品品质反应一般指食品加工过程中所产生的物理、化学以及微生物等性质的变化。尽管食品品质反应中间的过程非常复杂，但仍然可以通过对食品的劣变机制找到合适食品货架寿命的方法。在食品工业中，食品品质损失动力学是以化学反应动力学为基础而演变来的动力学模型，主要研究食品品质指标在变化过程中进行的速率和反应机理，它的研究对象是属于品质指标随时间而变化的非平衡的动态体系。一般情况下，食品的品质损失可以分解为两个定量的品质指标：期待的品质指标损失和不期待的品质指标增长。我们用 X 和 Y 来表示这两个定量的话，那么期待的品质指标 X 损失速度和不期待的品质指标 Y 增长速度就可以用下列方程式表示：

$$-\frac{\mathrm{d}[X]}{\mathrm{d}t} = k[X]^n \tag{2-1}$$

$$-\frac{\mathrm{d}[Y]}{\mathrm{d}t} = k'[Y]^{n'} \tag{2-2}$$

其中，式中 k 和 k' 是反应速率常数，n 和 n' 是反应级数。当然，X 或 Y 经过适当转换后可表示为时间 t 的线性函数。即

$$F(X) = kt \tag{2-3}$$

或

$$F(Y) = k't \tag{2-4}$$

$F(X)$ 称为食品的新鲜品质函数，$F(Y)$ 称为食品的变质品质函数。根据不同的反应级数就可以求出对应反应级数的函数表达式（表 2-1）。

表 2-1　不同反应级数的食品品质函数

Order of reaction	0	1	2	3	n
$F(X)$	$X_0 - X$	$\ln(X_0/X)$	$X^{-1} - X_0$	$(X^{-2} - X_{02})/2$	$(X^{1-n} - X_{0n-1})/(n-1)$
$F(Y)$	$Y_0 - Y$	$\ln(Y_0/Y)$	$Y^{-1} - Y_0$	$(Y^{-2} - Y_{02})/2$	$(Y^{1-n} - Y_{0n-1})/(n-1)$

从表 2-1 分析可得，对于 0、1 和 2 级，我们可以相对容易通过转化得到一条直线。对于零级函数，采用线性坐标就得到一条直线；对于一级函数，采用半对数坐标也能得到一条直线；对于二级函数，X^{-1} 或 Y^{-1} 对时间作图同样也可以得到一条直线。这样，根据实际测试的多个测量值并结合线性拟合的方法就可以求得上述级数，进而求得其他各个参数的值，最后就可以推算得出货架期终点 T_S 时的品质 X_S 或 Y_S，同时也可以计算出食品品质达到任何一个范围内的特定值时所需要的贮藏时间 t 或 0 到 T_S 之间任一贮藏时间 t 时的食品的品质值 X_t 或 Y_t。

目前有相当一部分的文献研究就是基于这些函数来预测和监控食品品质的变化。柴春祥等研究了鲤鱼肉保鲜过程中品质变化，发现细菌总数和 TVB-N 值的变化均符合一级函数模型，通过试验确定了这两个品质指标的函数模型参数，在此基础上设计了能够预测鱼肉品质变化的动力学模型。Bruckner S. 等研究发现不同温度下猪肉和鸡肉的细菌总数、TBA 值随贮藏时间的变化规律符合一级函数模型特性，进而建立了细菌总数、TBA 值与贮藏时间、温度之间的动力学模型。McDonald K. 等研究指出，如果食品某种品质指标的变化

是由某种化学反应或微生物生长引起的，那么该品质指标的变化一般都遵循零级或一级函数的模型。相关研究也证明了肉制品中 TBA 值、TVB－N 值、TMA 值均对一级函数模型具有较高的拟和精度。

根据表 2－1 用一级函数模型对不同贮藏温度下香肠的 TVB－N 值和 TBA 值进行指数方程回归分析，回归方程表达式为：

$$B = B_0 e^{k_B t} \qquad (2-5)$$

式中，t 为贮藏时间（d），B_0 为指标初始值，B 为贮藏第 t（d）时的指标值，k_B 为香肠品质变化速率常数。

通过图 2－1 和图 2－2 数据，可求出回归方程的相关参数如表 2－2 所示。

表 2－2　川味香肠 TVB－N 和 TBA 指标变化动力学模型参数

温度（℃）	TVB－N（mg/100g）			TBA（mgMAD/kg）		
	B_0	K_B	R^2	B_0	K_B	R^2
5	9.6458	0.0192	0.8226	0.2836	0.0276	0.9771
10	9.9816	0.0209	0.8722	0.2300	0.0267	0.9831
15	10.1630	0.02170	0.8609	0.3070	0.0262	0.9822

由表 2－2 分析可知，不同贮藏温度下香肠 TVB－N 值的方程回归系数均小于 0.9，表明指数回归方程对川味香肠货架期期间的 TVB－N 值变化趋势拟合性不佳，这主要是因为在贮藏前期香肠 TVB－N 值变化趋势的不确定性造成，具体原因在 2.4.1 节中已经详细阐述，可能的原因是香肠在贮藏过程中出现酸性物质的干扰，使得碱性含氮挥发性物质的变化存在不确定性。此外，从表 2－2 分析可知，不同贮藏温度下 TBA 值的 3 个方程回归系数分别为0.9771、0.9831 和 0.9822，说明指数回归方程对川味香肠货架期期间的 TBA 值变化趋势有较好的拟合性，可准确预测其变化趋势，为相关数学模型的建立提供准确数据和验证依据。该研究结果也和相关的文献报道一致。Tsironi T. 等人在不同冷藏温度下的对虾货架期动力学模型研究得出了 TBA 值的变化规律符合一级函数模型特性，线性拟合值最高达到 0.9905；Salapa I. 等人研究发现乌颊鱼贮藏期间 TBA 值的变化规律也符合一级动力学函数模型。

2.4.4　川味香肠货架期模型的建立

食品货架期的动力学模型一般会根据被研究的食品种类以及所处环境条件的变化而变化。但总体上基于以下两种方法：

（1）按照化学反应动力学原理进行试验设计，通过试验确定食品品质指标与温度的关系。

（2）把食品置于某种特别恶劣的条件下贮藏，每隔一定时间进行品质检验，一般采用感官评定的方法进行，并进行多次，然后将实验结果外推，得到所需贮藏条件下的货架寿命。

常用的预测食品货架模型方法主要有以下几种。

（1）Arrhenius 模型（阿伦尼乌斯方法）

Arrhenius 模型主要是反映温度对于反应速率常数的影响，一般用于以化学反应为主的品质变化，如贮藏、加热、浓缩等过程。预测精确度高，在一定温度范围内建立的模型可用外推法预测范围之外的货架期。但 500K 以上的温度不适合该模型。

Arrhenius 方程的表达形式为：

$$K_B = K_0 \exp\left(-\frac{E_A}{RT}\right) \tag{2-6}$$

（2）Q_{10} 模型

Q_{10} 模型的基础原理即加速试验原理。Q_{10} 定义为温度上升 10℃后，反应速率为原来速率的倍数，或者也可以认为食品贮藏在高于原来储存温度 10℃的条件下，其货架 Q_s 的变化率。

Q_{10} 模型的主要表达形式为：

$$Q_{10} = t_s(T)/t_s(T+10) = \exp\left[\frac{E_a}{R} \times \frac{10}{T(T+10)}\right] \tag{2-7}$$

一般情况下，对同一类型食品，Q_{10} 值的变化范围比较大，必须通过在两个或更多的温度下进行货架期加速试验来确定 Q_{10} 的值才能获得相对可靠的结果。同时，在通过高温加速试验和外推法预测低温时的货架期时，Q_{10} 的微小偏差都可能引起结果的较大偏差。

（3）Williams—Landel—Ferry（WLF）模型

WLF 模型是一个较常用的关于温度与食品稳定性关系式的模型。用来描述温度高于玻璃化温度（T_g）时无定形食品体系中温度对化学反应速度的影响。

WLF 方程的主要表达形式为：

$$\lg\left(\frac{k_{ref}}{k}\right) = -\frac{C_1(T-T_{ref})}{C_2+(T-T_{ref})} \tag{2-8}$$

该模型方法基于玻璃化转变理论，应用范围主要是食品稳定性特别是在结晶、再结晶等状态与温度之间的预测模型，广泛用于肉制品、农副产品的低温冷藏货架期预测。

（4）Weibull 模型（WHA）法

随着时间的推移，食品品质下降并最终降低到不能为人们所接受的程度，失效时间对应着食品的货架期。1975 年，Gacula 等将失效的概念引入了食品，形成了食品失效定义（Food failure），食品失效时间的分布服从威布尔模型，从而形成一种新的预测食品货架期的方法。

Weibull 方程的主要表达形式为：

$$\lg t = \frac{t}{\beta} \lg H + \lg \alpha \qquad (2-9)$$

Weibull 方程的相关参数可以通过分析食品感官评价的数据来获得，利用该方程不仅可以较为准确地预测食品货架期，还能够在统计学上掌握食品随时间推移发生失效的可能性。此外，结合某些能反映品质损失过程特征的理化和微生物指标，将会提高该预测模型的准确性。

（5）Z 值模型法

和 Arrhenius 模型一样，Z 值模型也是反映温度对反应速率常数影响的模型，但与对于以化学反应为主的品质变化，如贮存、加热等过程的 Arrhenius 模型不一样的是，该模型常常用于对以微生物改变为主的杀菌过程的预测。

Z 值模型法的主要表达形式为：

$$Z = \frac{T - T_\gamma}{\lg D_\gamma - \lg D} = \frac{T - T_\gamma}{\lg (D_\gamma / D)} \qquad (2-10)$$

我们将在一定环境和一定温度下杀死 90% 微生物所需的时间定义为 D 值，那么 Z 值即为引起 D 值变化 10 倍所需改变的温度。一般来说，D 值越大，则该菌的耐热性越强；Z 值越大，因温度上升而获得的杀菌效果增长率就越小。

根据综合分析，由于化学反应速率是温度的函数，因此结合 Arrhenius 方程便可以预测川味香肠在不同贮藏温度下的化学品质（TBA 值）货架期。

对方程（2-6）取对象，便可得

$$\ln K_B = \ln K_0 \left(-\frac{E_A}{RT} \right) \qquad (2-11)$$

式中，K_0 指前因子（又称频率因子）；E_A 为活化能，J/mol；T 为绝对温度，K；R 指气体常数，8.3144J/（mol·K）；此外，K_0 和 E_A 都是与反应系统物质本性有关的经验常数。

在求得不同贮藏温度下香肠的 TBA 值反应速率常数后，用 $\ln K_B$ 对热力学温度的倒数（$1/T$）作图（图 2-3）可得到一条斜率为 $-E_A/R$ 的直线，其线性方程为 $Y=0.4179X-5.0944$（$R^2=0.9787$）。

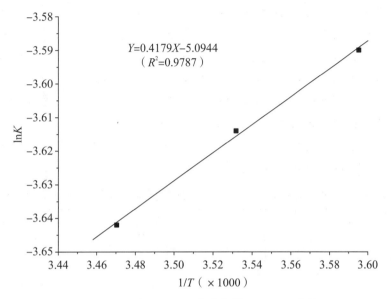

图 2-3　川味香肠 TBA 值变化的 Arrhenius 曲线

由直线斜率可求出反应活化能 $E_A=3.48\ \text{kJ/mol}$，由截距可求出指前因子 $K_0=163.11$。在此基础上建立川味香肠贮藏过程中 TBA 变化速率常数 K 与贮藏温度（T）之间的 Arrhenius 方程为：

$$K = 163.11 \times \exp\left(-\frac{3480}{RT}\right) \tag{2-12}$$

2.4.5　川味香肠货架期模型的验证

预测模型的验证和优化是模型应用的前提。预测值和观测值之间的相对误差是验证所建立 Arrhenius 模型准确度的一个衡量标准。汪黎等人研究认为，相对误差在 10% 以内的 Arrhenius 模型均属于有效模型。

将在 8℃、12℃和 20℃温度下贮藏的川味香肠 TBA 值的实际货架期与建立的 Arrhenius 方程模型计算的预测值进行比较，验证上述动力学模型的准确性。

验证结果如表 2-3 所示。从表中数据看出，在建模温度范围之内的 8℃和

12℃条件下贮藏的川味香肠 TBA 值预测值与实测值的相对误差分别为−3.1%、2.0%，两者能较好地相符，预测准确率非常高。Yao L. 等人利用 Arrhenius 模型在研究不同温度（−3~9℃）下鲫鱼新鲜度的预测模型中，结果发现电导率（Activation energies，EA）和可见菌总数（Total aerobic count，TAC）的 E_A 分别为 97.75 kJ/mol 和 105.93 kJ/mol，在 5℃（建模温度范围之内）条件下对所建立的模型进行验证，发现相对误差分别为−4.1% 和 3.74%，结果都在±5%范围内，说明所建立的模型属于有效模型。熊发祥等以盐渍榨菜为研究对象，研究盐渍榨菜不同贮藏温度（−5~37℃）下感官品质、脆度、菌落总数随贮藏时间的变化规律，运用 Arrhenius 方程建立不同温度下盐渍榨菜货架期模型，经验证模型的相对误差也在±5%范围内，所建的预测模型能较好地反映盐渍榨菜贮藏期间的剩余货架期；同时，他们的研究还指出，贮藏温度越低，预测结果越准确。

表 2−3　川味香肠在 8℃、12℃和 20℃贮藏过程中货架期的预测值和实测值

温度 (℃)	实测值 (d)	预测值 (d)	相对误差 (%)
8	49	50.5	−3.1
12	41	40.2	2.0
20	29	27.1	6.6

此外，在验证试验中，我们还采用了 20℃（建模温度范围之外）对模型进行验证，结果发现相对误差偏大，为 6.6%，但仍在 10%范围之内，属于有效预测。目前，以建模范围之外的温度来验证模型仍属于有效模型的报道并不多。Hong H. 等人在研究黑花鲈鱼头货架期预测模型中，以细菌总数和 TVB−N 值为基础的 GSI 品质指标（The global stablity index）符合 Arrhenius 模型，研究发现模型参数的反应活化能 E_A=85.61 kJ/mol，指前因子 K_0=1.14×10^{15}。由此建立的预测模型经过验证，在建模范围温度内（−3~15℃）的相对误差为 8.86%，建模范围温度外（18℃）为 11.54%。

2.5　本章小结

（1）不同贮藏温度下川味香肠的 TVB−N 值随贮藏时间的变化趋势为先上升后下降，再快速上升，回归方程拟合性不符合一级化学反应动力学模型；而 TBA 值随着贮藏时间的延长而不断增加，且符合一级化学反应动力学模型。

（2）建立了以川味香肠化学指标 TBA 值为因子的货架期动力学模型，经过对模型的验证，结果表明建模范围温度内预测值的相对误差均在±5％以内，建模范围温度外的预测值相对误差在±10％以内，该模型属于有效模型，可准确预测川味香肠在不同贮藏温度下的货架期。

（3）本章建立的川味香肠货架期模型可为香肠制品在流通过程中品质变化及剩余货架期的预测提供基础数据，从而为香肠的安全生产和贮运的预测预报体系提供参考依据。

参考文献

［1］Ruiz－Moyano S，Martín A，Benito M J，et al. Screening of lactic acid bacteria and bifidobacteria for potential probiotic use in Iberian dry fermented sausages ［J］. Meat science，2008，80（3）：715－721.

［2］Cenci－Goga B T，Rossitto P V，Sechi P，et al. Effect of selected dairy starter cultures on microbiological，chemical and sensory characteristics of swine and venison（Dama dama）nitrite－free dry－cured sausages ［J］. Meat science，2012，90（3）：599－606.

［3］赵思明，李红霞. 鱼丸贮藏过程中品质变化动力学模型研究 ［J］. 食品科学，2002，23（8）：80－82.

［4］张丽平，余晓琴，童华荣. 动力学模型预测板鸭货架寿命 ［J］. 食品科学，2008，28（11）：584－586.

［5］蒋予箭，周小平. 对冷却猪肉进行气调保鲜的货架期研究 ［J］. 食品与发酵工业，2004，29（10）：29－32.

［6］Association of Official Analytical Chemists，Association of Official Agricultural Chemists（US）. Official methods of analysis ［M］. Rockville：Association of Official Agricultural Chemists，2002.

［7］黄伟坤. 食品检验与分析 ［M］. 北京：中国轻工业出版社，1989：393－400.

［8］杨文鸽，薛长湖，徐大伦，等. 大黄鱼冰藏期间 ATP 关联物含量变化及其鲜度评价 ［J］. 农业工程学报，2007，23（6）：217－222.

［9］Connell J J. Methods of assessing and selecting for quality ［J］. Control of fish quality，1990（4）：135－164.

［10］Fonseca S，Cachaldora A，Gómez M，et al. Effect of different autochthonous starter cultures on the volatile compounds profile and sensory properties of Galician chorizo, a traditional Spanish dry fermented sausage [J]. Food Control, 2013, 33 (1): 6−14.

[11] Šetar M, Kovačić E, Kurek M, et al. Shelf life of packaged sliced dry fermented sausage under different temperature [J]. Meat science, 2013, 93 (4): 802−809.

[12] Mora−Gallego H, Serra X, Guàrdia M D, et al. Effect of the type of fat on the physicochemical, instrumental and sensory characteristics of reduced fat non−acid fermented sausages [J]. Meat science, 2013, 93 (3): 668−674.

[13] Xu Y, Xia W, Yang F, et al. Effect of fermentation temperature on the microbial and physicochemical properties of silver carp sausages inoculated with Pediococcus pentosaceus [J]. Food chemistry, 2010, 118 (3): 512−518.

[14] Chou C C, Yang S E. Inactivation and degradation of O Taiwan97 foot−and−mouth disease virus in pork sausage processing [J]. Food microbiology, 2004, 21 (6): 737−742.

[15] Ikonić P, Tasić T, Petrović L, et al. Proteolysis and biogenic amines formation during the ripening of Petrovská klobása, traditional dry−fermented sausage from Northern Serbia [J]. Food Control, 2013, 30 (1): 69−75.

[16] Alasalvar C, Taylor K D A, Öksüz A, et al. Freshness assessment of cultured sea bream (Sparus aurata) by chemical, physical and sensory methods [J]. Food Chemistry, 2001, 72 (1): 33−40.

[17] Yanar Y, Fenercloglu H. The utilization of carp (Cyprinuscarpio) flesh as fish ball. Turkish Journal of Veterinary and Animal Science, 1999, 23 (4): 361−365.

[18] Liu S, Han Y, Zhou Z. Lactic acid bacteria in traditional fermented Chinese foods [J]. Food Research International, 2011, 44 (3): 643−651.

[19] Menegas L Z, Pimentel T C, Garcia S, et al. Dry−fermented chicken sausage produced with inulin and corn oil: Physicochemical, microbiological, and textural characteristics and acceptability during storage [J]. Meat science, 2013, 93 (3): 501−506.

[20] 马妍，谢晶，周然，等．暗纹东方鲀在不同冻藏温度下品质变化的动力学研究 [J]．中国农业大学学报，2012，17（1）：138−142.

[21] 田玮，徐尧润．食品品质损失动力学模型 [J]．食品科学，2000，21（9）：14−18.

[22] 王毅明．调理鸭肉制品的加工工艺及货架期研究 [D]．苏州：江南大学，2011.

[23] 佟懿，谢晶．鲜带鱼不同贮藏温度的货架期预测模型 [J]．农业工程学报，2009（6）：301−305.

[24] 柴春祥．猪肉品质变化的动力学模型 [J]．食品与发酵工业，2004，30（6）：10−12.

[25] Bruckner S, Albrecht A, Petersen B, et al. A predictive shelf life model as a tool for the improvement of quality management in pork and poultry chains [J]. Food Control, 2013, 29 (2)：451−460.

[26] McDonald K, Sun D W. Predictive food microbiology for the meat industry：a review [J]. International Journal of Food Microbiology, 1999, 52 (1)：1−27.

[27] 谢主兰，陈龙，雷晓凌，等．采用挥发性盐基氮动力学模型预测低盐虾酱的货架寿命 [J]．现代食品科技，2013，29（1）：29−33.

[28] 张立永．酸乳饮料贮藏期理化参数变化动力学及产品稳定性预测方法研究 [D]．苏州：江南大学，2007.

[29] 余晓琴，车晓彦，张丽平．食品货架寿命预测研究 [J]．食品研究与开发，2007，28（3）：84−87.

[30] Tsironi T, Dermesonlouoglou E, Giannakourou M, et al. Shelf life modelling of frozen shrimp at variable temperature conditions [J]. LWT−Food Science and Technology, 2009, 42 (2)：664−671.

[31] Salapa I, Tsironi T, Taoukis P. Shelf life modelling of osmotically treated chilled gilthead seabream fillets [J]. Innovative food science & emerging technologies, 2009, 10 (1)：23−31.

[32] Labuza T P. Enthalpy/entropy compensation in food reactions [J]. Food Technology, 1980, 34 (2)：67.

[33] 王娜，王颉，孙剑锋，等．动力学模型预测即食花蛤的货架寿命 [J]．中国食品学报，2013（1）：89−94.

[34] 蔡燕芬．食品储存期加速测试及其应用 [J]．食品科技，2004（1）：80−82.

[35] 佟懿，谢晶. 动力学模型预测鲳鱼货架寿命的实验研究 [J]. 食品科学，2009，30 (10)：265－268.

[36] 肖龙恩，钱平，董新娜，等. 压缩饼干硬度临界值的确定以及加速试验条件下硬度的变化规律 [J]. 食品科技，2012 (5)：52－56.

[37] 许钟，杨宪时，郭全友，等. 波动温度下罗非鱼特定腐败菌生长动力学模型和货架期预测 [J]. 微生物学报，2005，45 (5)：798－801.

[38] 林进，杨瑞金，张文斌，等. 动力学模型预测即食南美白对虾货架寿命 [J]. 食品科学，2010 (22)：361－365.

[39] 曹平，于燕波，李培荣. 应用 Weibull Hazard Analysis 方法预测食品货架寿命 [J]. 食品科学，2007，28 (8)：487－491.

[40] Duyvesteyn W S, Shimoni E, Labuza T P. Determination of the end of shelf－life for milk using Weibull hazard method [J]. LWT－Food Science and Technology, 2001, 34 (3)：143－148.

[41] 刘春芝，许洪高，李绍振，等. 柑橘类果汁货架期研究进展 [J]. 食品科学，2012，33 (13)：292－298.

[42] 佟懿，谢晶. 时间－温度指示器响应动力学模型的研究 [J]. 安徽农业科学，2008，36 (22)：9341－9343.

[43] 田玮，徐尧润. Arrhenius 模型与 Z 值模型的关系及推广 [J]. 天津轻工业学院学报，2000 (4)：1－6.

[44] Jonsson V, Sngag B G. Testing models for temperature dependence of the inactivation rate of bacillus spores [J]. J Food Sci, 1997, 42 (5)：1251－1252.

[45] 汪黎. 低盐榨菜货架寿命研究 [D]. 重庆：西南大学，2011.

[46] Yao L, Luo Y, Sun Y, et al. Establishment of kinetic models based on electrical conductivity and freshness indictors for the forecasting of crucian carp (Carassius carassius) freshness [J]. Journal of Food Engineering, 2011, 107 (2)：147－151.

[47] 熊发祥，但晓容，邓冕，等. 盐渍榨菜货架期预测动力学模型研究 [J]. 食品科学，2010 (5)：116－120.

[48] Hong H, Luo Y, Zhu S, et al. Application of the general stability index method to predict quality deterioration in bighead carp (Aristichthys nobilis) heads during storage at different temperatures [J]. Journal of Food Engineering, 2012, 113 (4)：554－558.

第 3 章　基于茶多酚的香肠品质控制机制研究

3.1　引言

在上一章中，我们对川味香肠的货架期进行了动力学预测研究。但是，影响香肠货架期的主要原因是香肠富含有大量的蛋白质和脂肪酸，在自然发酵及贮藏过程中极易发生氧化，从而导致香肠的腐败以及风味的改变。事实上，在传统的香肠制作工艺中，为了延长香肠的贮藏时间，增加货架期间香肠肠体的色泽，增强产品独特的风味，常常加入大量各种食品添加剂、发色剂、风味调料等各种形式复杂的物质。绝大多数香肠生产厂家对食品添加剂特别是亚硝酸盐的使用都存在着经验性、盲目性，更有一些厂家为了追逐尽可能大的利润，甚至还添加廉价的化学、化工物质或其他非食用物质。

近年来，香肠制品的安全性问题逐渐凸显，亚硝酸盐中毒事件时有发生，更重要的是香肠中胺类化合物和亚硝酸盐反应生成的亚硝胺是一种慢性的致癌物质。大量的动物实验已确认，亚硝胺能通过胎盘和乳汁引发后代肿瘤。同时，亚硝胺还有致畸和致突变作用。流行病学调查表明，人类某些癌症，如胃癌、食道癌、肝癌、结肠癌和膀胱癌等都与亚硝胺有关。2014 年 2 月 3 日，世界卫生组织（WHO）在《全球癌症报告 2014》中指出，全球新增癌症病例有近一半出现在亚洲，其中大部分在中国，仅 2012 年中国新诊断癌症病例为 307 万，占全球总数的 21.9%，癌症死亡人数约 220 万，占到全球癌症死亡人数的 26.8%。在肝、食道、胃和肺等 4 种恶性肿瘤中，中国新增病例和死亡人数均居世界首位。尽管我国雾霾污染和吸烟率高等问题对致癌病例有很大的影响，但是食品安全问题仍然是广大民众罹患癌症的一个原因。因此，解决好食品安全问题是一件紧要的大事。

茶多酚作为一种广谱、强效、低毒的抗氧化剂已经被世界上许多国家所公

认，在食品、医药、日用化学品等领域得到广泛应用。我国于 1995 年 7 月第
11 届全国添加剂标准化技术委员会上，正式把茶多酚列为食品添加剂。茶多
酚具有很强的抗菌和抗脂质氧化作用，对许多肉制品保鲜保质作用非常明显。
但是，目前国内外对茶多酚应用到香肠制品上，研究其对货架期、品质控制及
护色等方面的影响少有报道。本章针对目前的研究现状，以川味香肠作为研究
对象，旨在研究茶多酚对香肠品质的影响，通过微生物指标（细菌总数、乳酸
菌数）、化学指标（pH、TVB－N、TBA）、颜色指标（发色率、色泽亮度
L^*、红度 a^*、黄度 b^*）以及亚硝酸盐残量和感官评定等，综合探讨川味香
肠品质安全控制机制问题，为解决传统发酵类肉制品特别是香肠制品的安全性
问题提供参考。

3.2　试验材料和仪器

3.2.1　试验材料

（1）香肠原料

香肠原料同 2.2.1。

（2）化学试剂（均为国产分析纯试剂、化学纯试剂或生化试剂）

茶多酚（纯度 95%），购于四川乐山禹伽茶业科技开发有限公司；其余主
要试验试剂见 2.2.1。

（3）培养基

乳酸细菌培养基（MRS）：蛋白胨 10.0 g、牛肉粉 5.0 g、酵母粉 4.0 g、
柠檬酸三铵 2.0 g、葡萄糖 20.0 g、吐温－80 1.0 mL、乙酸钠 5.0 g、磷酸氢
二钾 2.0 g、硫酸镁（$MgSO_4 \cdot 7H_2O$）0.2 g、硫酸锰（$MnSO_4 \cdot H_2O$）
0.05 g、琼脂 15.0 g、蒸馏水 1000 mL、pH 6.2－6.6。

琼脂培养基（PCA）：胰蛋白胨 5.0 g、酵母浸膏 2.5 g、葡萄糖 1.0 g、
琼脂 15.0 g、蒸馏水 1000 mL、pH 7.0±0.2。

3.2.2　试验仪器

CR2200 型色差仪、KQ5200DB 型数控超声器、数字式移液器（1～1000 μL），
其余主要实验仪器见 2.2.2。

3.3　试验方法

3.3.1　川味香肠的制备

标准流程：分别将鲜猪前腿瘦肉、鲜猪背膘肥肉绞成丝，按肥瘦比 3：7 配合，辅料按每 10 kg 肉加盐 260 g、白糖 100 g、味精 50 g、花椒粉 20 g、辣椒粉 24 g、生姜 16 g、曲酒 200 g，然后将原料混合均匀，灌肠、洗肠、打针眼，于烘箱 50℃烘焙 48 h，后置室温贮藏。茶多酚组（0.015% TP）为在标准流程的辅料中按 0.015%加入茶多酚；亚硝酸钠组（0.015% NaNO₂）为在标准流程的辅料中按 0.015%加入亚硝酸钠。

3.3.2　感官评定

感官评定试验参考美国化学协会（Association of Official Analytical Chemists，AOAC）规定的方法进行。规定感官最高分值为 9 分。由学校 12 名食品专业学生组成感官评定小组进行评定，参照中式香肠标准 GB/T 23493—2009，以 9 分制对颜色、香味、口感、形态等指标打分，其中颜色指标占 40%，其余指标各占 20%。最后结果以总的感官评分和颜色感官评分两个指标表示。具体感官评价标准见表 3−1。

表 3−1　感官评价标准

分数	颜色（40%）	香味（20%）	口感（20%）	形态（20%）
1～3	肠体外表色泽暗淡，切片表面呈灰色或暗淡色，可接受性差	香气较弱或基本没有香气	弹性较弱、味道较差	肠体切开后易散乱，不成片或成片较为困难
4～6	肠体外表色泽一般，切片表面呈灰色或灰红色，可接受性一般	香气一般或有淡淡的发酵酱香气味	弹性和味道一般	肠体切开后成片性一般、或偶有裂隙
7～9	肠体外表色泽鲜艳，切片表面呈灰红色，可接受性良好	香气浓郁，具有发酵酱香气味	富有弹性、味道口感良好	肠体切片坚实平滑、无软化现象

3.3.3　细菌总数测定

细菌总数的测定方法参照 GB4789.2—2010 执行。香肠除去肠衣，在无菌操作台内称取 25.00 g 绞碎的香肠置于 225 mL 无菌生理盐水中，经超声充分振摇后，做成 1：10 的稀释液，选择 2～3 个适宜稀释度，用移液器各取 1.0 mL 稀释液加入琼脂平板进行涂布，然后选取 2～3 个平行样在 36±1℃恒温培养箱中培养 48 h，进行平板菌落计数。以灭菌的稀释液为空白做对照试验。

3.3.4 乳酸菌总数测定

乳酸菌总数的测定方法参照 GB4789.35—2010 执行。香肠除去肠衣，以无菌操作称取 25 g 绞碎的香肠样品，置于 225 mL 无菌生理盐水中，经超声充分振摇后，做成 1：10 的稀释液，选择 2～3 个适宜稀释度，用移液器各取 1.0 mL 稀释液加入 MRS 平板进行涂布，然后选取 2～3 个平行样在 36±1℃厌氧培养 48 h，进行平板菌落计数。以灭菌的稀释液为空白做对照试验。

3.3.5 pH 的测定

取绞碎的去肠衣香肠样品 10.00 g 于烧杯中，加入 100 mL 蒸馏水超声振摇 5 min，静置 30 min 后过滤取上清液，用 pH 计进行测定。

3.3.6 挥发性盐基氮（TVB−N）的测定

挥发性盐基氮（TVB−N）的测定方法见 2.3.2，采用半微量蒸馏法进行测定。

3.3.7 硫代巴比妥酸（TBA）的测定

硫代巴比妥酸（TBA）的测定方法见 2.3.3，按硫代巴比妥酸实验法测定。

3.3.8 香肠发色率的测定

按照 Hornsey 方法测定。用研钵将去掉肠衣的香肠样品研碎，取碎肉 10g 平均分成两组，第 1 组加入 5 mL 提取液 A［丙酮：水（v/v）＝40：3］，第 2 组加入 5 mL 提取液 B［丙酮：水：盐酸（v/v）＝40：2：1］，分别均质后在 0℃静置 1 h，取出。每组加入 16 mL 丙酮，3000 r/min 离心 10 min，过滤。测得 540 nm 吸光值 E_1 和 640 nm 下吸光值 E_2。

按下面公式计算：

$$亚硝基血红素（mg/kg）＝E_1×290$$
$$总色素＝E_2×680$$
$$发色率（\%）＝亚硝基血红素/总色素×100$$

3.3.9　香肠颜色色差的测定

使用日本 MINOLTA 公司的 CR2200 型色差仪，以标准白板标定。测定 CIE−L*a*b* 表色系中的明度 L^*、红度 a^* 和黄度 b^*，每株色泽读取 8 个随机点，取平均值。

3.3.10　亚硝酸钠残留量的测定

亚硝酸钠残留量的测定方法参照 GB/T 5009.33—2010 执行。

3.4　数据处理

试验数据均为 3 次平行试验的平均值，用方差分析和 Duncan 多重检验法来检验平均值间的差异显著性。

3.5　结果和讨论

3.5.1　微生物指标的变化

（1）茶多酚对川味香肠贮藏过程中菌落总数（TVC）的影响

菌落总数（Total viable count，TVC）实际上就是食品中的细菌总数，它不仅可作为食品被微生物污染度的指标，而且是预测食品货架期的关键指标之一。香肠在贮藏过程中的细菌总数变化如图 3−1 所示。从试验结果可以看出，香肠的初始细菌总数为 6.9 $\log_{10}$ CFU/g。一般来说，香肠的初始细菌总数主要与原料肉种类、加工工艺及贮运环境等因素密切相关。Feng T. 测得广味香肠的初始细菌总数为 7.2 $\log_{10}$ CFU/g，而 Liu D.C. 等人测得中式香肠的初始细菌总数约为 6.8 $\log_{10}$ CFU/g。在整个货架期过程中，对照组的细菌总数增长速度明显要比茶多酚组快，因此可以认为，添加茶多酚的香肠样品在贮藏过程能够有效抑制细菌生长繁殖。Jongberg S. 曾将绿茶和迷迭香提取物添加到意大利香肠中（Bologna type sausage），研究发现对照组的细菌总数也远大于提取物添加试验组；Siripatrawan U. 等人在研究壳聚糖对猪肉香肠品质控制中也得到类似的结果，他们认为细菌总数的减少得益于这些添加物的抑菌特性。

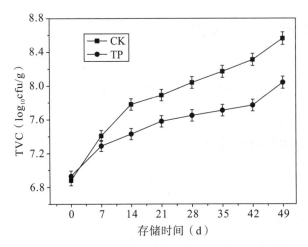

图 3-1   川味香肠贮藏过程中菌落总数的变化

（二）茶多酚对川味香肠贮藏过程中乳酸菌总数（LAB）的影响

香肠是属于发酵类肉制品，其贮藏过程可以说也是乳酸菌的生长繁殖过程。乳酸菌对香肠风味的形成具有非常重要的作用。现有文献研究表明，香肠在贮藏过程中的主要风味物质乳酸、游离氨基酸和游离脂肪酸含量都有明显增加。图 3-2 为川味香肠贮藏过程中乳酸菌总数（Lactic acid bacteria，LAB）的变化情况。

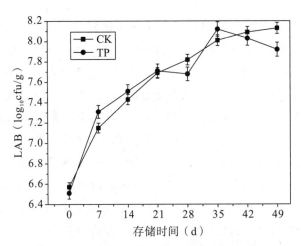

图 3-2   川味香肠贮藏过程中乳酸菌数的变化

试验结果可以看出，香肠的乳酸菌数在贮藏过程持续增加，在其末期有稍微减弱迹象。其中，茶多酚试验组和对照组乳酸菌数的变化没有相关性。这表明，添加茶多酚对香肠贮藏期间的乳酸菌数变化影响不大，也可以认为香肠的风味物质受到茶多酚的影响较小。Cano-García L. 的研究指出任何香肠品质改善剂都必须以不影响肠体内乳酸菌的生长繁殖为前提。Rodríguez H. 在回顾食品多酚类物质与乳酸菌相关性的研究发展历程中指出，部分乳酸菌中能够以多酚类物质为营养物质；随后 Hervert-Hernández D. 的研究得出葡萄籽多酚对嗜酸乳酸菌产酸性能具有一定促进作用，证实了上述说法。尽管茶多酚具有很强的抑菌性，但对属于异养厌氧型的乳酸菌却毫无效果，甚至在贮藏环境较为封闭（厌氧条件）的情况下还会出现香肠的乳酸菌总数超过细菌总数的现象。事实上，乳酸菌总数与香肠贮藏过程中肠体的酸碱度（图 3-3）密切相关。Pringsulaka O. 研究指出，发酵类肉制品中 75% 的 pH 值变化是由乳酸菌产酸引起的。肉制品的 pH 值是肉品鲜度最直观的表征指标之一。香肠贮藏过程 pH 值的变化情况如图 3-3 所示。香肠的初始 pH 值为 5.8，在整个货架期间香肠的 pH 值呈下降趋势。这与肠体内乳酸菌数的变化有关。香肠发酵前期，由乳酸菌和原料肉组织酶发酵产酸，随着乳酸的积累，从而导致香肠 pH 值不断下降；之后随着香肠的逐渐成熟，原料肉蛋白被水解成游离氨基酸并进一步降解为碱性的氨和胺类物质，乳酸与这些碱性物质发生中和作用，缓冲了 pH 值的下降趋势。此外，从图 3-3 我们还可知，茶多酚组和对照组 pH 值差异无明显相关，这也间接说明添加茶多酚对香肠的风味品质变化影响较小。

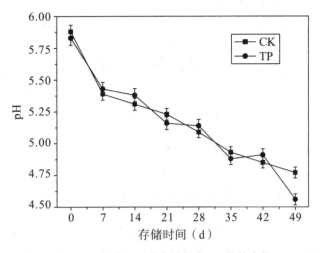

图 3-3 川味香肠贮藏过程中 pH 值的变化

3.5.2　理化指标的变化

（1）茶多酚对川味香肠贮藏过程中挥发性盐基氮 TVB－N 值的影响

挥发性盐基氮（Total volatile basic nitrogen，TVB－N）值是国标中用于评价肉质鲜度的唯一理化指标。同时，TVB－N 值在国际上也被认为能较有规律地反映肉类蛋白质的新鲜度变化程度，并且新鲜肉、次鲜肉和腐败肉之间数值的差异十分显著，是一个较为客观的指标。川味香肠贮藏过程中 TVB－N 值的变化如图 3－4 所示。可以看出，茶多酚组和对照组 TVB－N 值的变化趋势基本一致，在前 21d 内缓慢上升，然后有一个下降的过程，之后继续呈上升趋势，直至货架期结束。TVB－N 值下降过程的原因在前面货架期动力学建模章节已经详细分析了，这可能是与碱性含氮挥发性物质与贮藏过程中香肠产生的酸性风味物质结合，以及香肠贮藏过程中水分活性的降低导致肠体的高盐浓度环境，从而抑制原料肉中组织蛋白酶和微生物酶的活性有关。同时还可以看出，茶多酚组抑制 TVB－N 值的趋势非常显著，在 21d、28d、49d 这三个节点上，抑制率分别达到 12.22％、21.91％和 14.16％。我们知道，香肠中挥发性盐基氮是一些活性细菌分泌的蛋白分解酶对肠体肉类蛋白质的分解，茶多酚的存在会显著抑制这些活性细菌的活性。Coronado S. A. 等在研究多种具有抑菌特性的添加物对发酵类香肠肉制品挥发性盐基氮的影响效果中也证实了这点。

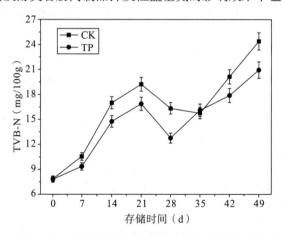

图 3－4　川味香肠贮藏过程中 TVB－N 值的变化

（2）茶多酚对川味香肠贮藏过程中硫代巴比妥酸（TBA 值）的影响

在脂肪酸败过程中，脂肪首先氧化形成过氧化物，然后过氧化物进一步降解而形成小分子有机酸。TBA 指标就是根据脂肪酸氧化降解的有机小分子丙二醛（MAD）与 TBA 试剂反应来确定的，是极好的脂肪氧化测定指标。一般情况下，当 TBA 值大于 0.5 mg（MAD/kg）时，表明脂肪氧化正在进行，当 TBA 值为 2 mgMAD/kg，可认为该肉类产品已经进入腐败变质阶段。川味香肠贮藏过程中 TBA 值的变化如图 3－5 所示。

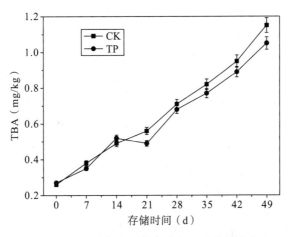

图 3－5　川味香肠贮藏过程中 TBA 值的变化

从图 3－5 可知，TBA 值从初始的 0.26 mgMAD/kg 一直上涨到 49d 的 1.15 mgMAD/kg。Baer A. A. 认为，香肠肉制品中脂类物质氧化引起的 TBA 值变化体现在两个因素：一是脂类物质氧化，是香肠风味物质前体的蓄积溶剂，对后期香肠独特的风味形成贡献突出，例如脂类物质甘油酯脂肪酸氧化成羰基化合物等；另一个是脂类物质氧化，是香肠产生酸败味、哈味的主导原因，例如一些特定腐败菌分解氧化饱和脂肪酸产生甲酸、乙酸、丁酸等挥发酸。不管哪个因素的作用，结果都是 TBA 值的增加，这一点国内外研究学者的观点是一致的。国内的 Qiu C、Zhang L. 等在广式香肠、中式香肠以及国外的 Krkić N.、Nassu R. T.、Baka A. M. 等在猪肉、羊肉、牛肉香肠的研究中都有类似的发现。从图 3－5 分析可得，在贮藏的前 14d 内，茶多酚组和对照组的 TBA 值差异并不显著，之后两者的变化趋势才逐渐出现较为明显的差异。对照组的 TBA 值明显要大于茶多酚组，最大差值一度达到 12.5%。结合 Baer A. A. 的研究分析，我们可以初步认为在香肠贮藏前期（14d），TBA 值的增加主要处于香肠风味物质前体的累积过程，这一时期细菌分解脂肪酸产生挥发酸不占主导地位，结合前面分析得出的茶多酚并不影响乳酸菌产酸形成香肠风味物质，因此表现为茶多酚组和对照组的 TBA 值差异不显著；在贮藏中后期，随着脂肪酸分解产生挥发酸逐步占据了主导地位，此时茶多酚的抑菌性能就显示出来，表现为较低的 TBA 值。Ščetar M. 在研究不同温度下发酵香肠货架期内脂质氧化的变化特性也证实这一点，同时，他还指出这两个阶段是动态的，而不是相对静止的。

3.5.3 感官评定的变化

目前感官评定的指标虽不能完全量化，且容易受评定者有关感觉差异、味觉疲劳等主观因素的干扰，特别是在颜色评价上，更容易受到周围环境的照明条件和物质自身的几何条件等多方面的影响，但此法操作简单，直观性强，能快速评价出产品的优劣，适合对产品品质的初步评价评定，目前仍然是世界各国广泛采用和承认的方法。根据美国化学协会（AOAC）制定的 9 分制评价体系，认定其中 7~9 分的品质为感官优秀（新鲜），5~7 分的为感官优良（较新鲜或感官一级），4~5 分的为感官及格（较新鲜或感官二级），小于 4 为感官不可接受（不新鲜或感官缺陷）。

川味香肠在贮藏过程中的感官评分（Sensory evaluation，SE）如图 3-6 所示。可以看出，整个货架期间香肠的感官分值变化情况可以分为两个阶段。在第一阶段（0~21 d），香肠的感官分值呈上升趋势，并到第 21 d 达到最值。在第二阶段（21~49 d），香肠的感官分值逐渐回落。这说明香肠在贮藏过程中，21 d 是一个节点，这个节点是香肠最佳的食用阶段。茶多酚组的感官分值变化趋势和对照样一致，尽管茶多酚组的感官分值高于对照样，但差值不显著（$p > 0.05$），这说明茶多酚在改善香肠风味，维护较好的肠体质构，整体提升香肠货架期间的感官品质上的效果并不特别明显。

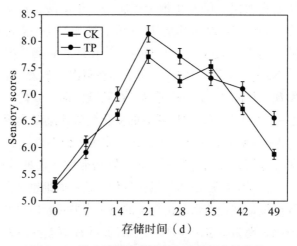

图 3-6　川味香肠贮藏过程中感官评分的变化

3.5.4　颜色指标的变化

（1）茶多酚对川味香肠贮藏过程中颜色感官评定（CE）的影响

川味香肠在贮藏过程中颜色感官评定（Color evaluation，CE）如图 3-7 所示。从结果分析来看，亚硝酸钠试验组显示出极强的发色效果，在整个货架期间的感官分值始终都是最高的。茶多酚组的感官分值介于两组之间，值得注意的是，在 7 d 之后，空白对照组的颜色感官有一个明显下降的过程，而茶多酚组却未有这个降低的趋势，反而小幅上升，这初步说明在一定程度上显示了茶多酚对肠体有较好的护色作用。除对照组外，在第 21 d 时香肠颜色感官评分都达到最高值，此时肠体表面呈现出较深亮的红色光泽，肠体瘦肉偏枣红色，背膘肥肉则为乳白色，而对照组却要到 28 d 才达到最值，这说明茶多酚和亚硝酸钠在培育肠体色泽上起到一个很好的促进作用。

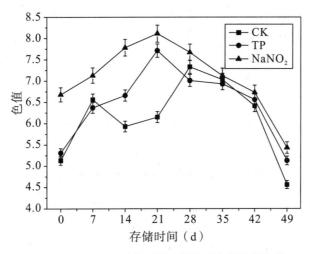

图 3-7　川味香肠贮藏过程中颜色感官评分的变化

（2）茶多酚对川味香肠贮藏过程中发色率（CR）的影响

发色率（Chromogenic rate，CR）是肉制品中发色色素与总色素的比例，是常见的肉制品颜色化学度量指标。一般情况下，发色率达到 75% 时，可以认为肉制品的发色阶段基本完成。川味香肠在贮藏过程中的发色率变化如图 3-8 所示。可以看出，香肠在制作完成时，亚硝酸钠试验组就显示较好的整体发色效果，45.3% 的发色率分别是空白对照组、茶多酚组的 2.36 倍、1.76 倍，这说明在初期亚硝酸钠参与反应生成的亚硝基血红素起到了积极的作用。在香肠贮藏过程中，亚硝酸钠试验组的发色优势极具明显，在第 12 d 就达到了75%的发色率，基本完成了发色阶段，而茶多酚组要到20 d才勉强达到，特别是进入发色完成期阶段（21 d），亚硝酸钠试验组的发色率较茶多酚组、空白对照组相对增加了6.72%、13.45%，差异显著（$p<0.05$）。这说明亚硝酸钠确实是极佳的肉制品发色剂。但是应该注意到，尽管茶多酚对香肠的发色效果不如亚硝酸钠，但它依然显示了一定的发色作用，从制作完成时到发色完成期阶段（21 d），茶多酚组发色率是空白对照组的1.34倍和1.1倍，特别是在贮藏后期，茶多酚还显示出了较好的护色作用，而亚硝酸钠试验组因亚硝酸钠的逐步损耗殆尽，肠体色泽下滑迅速。

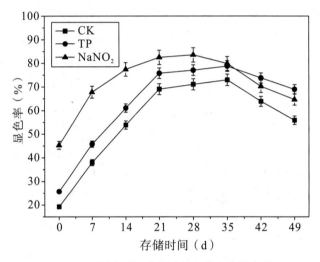

图3-8　川味香肠贮藏过程中发色率的变化

（3）茶多酚对川味香肠贮藏过程中色泽的影响

色泽是香肠品质的一个重要指标。测定 CIE-$L^*a^*b^*$ 表色系中的亮度 L^*、红度 a^* 和黄度 b^*，其中 L^* 为亮度指数，量程为 0～100，$L^*=0$ 表示黑色，$L^*=100$ 表示白色；b^* 为黄度指数，量程为 -60～60，较低数值表示较蓝，较高数值表示较黄；a^* 为红度指数，量程为 -60～60，+a^* 方向表示红色增加，-a^* 方向表示绿色增加。

香肠在贮藏过程中的色泽变化（亮度 L^*、红度 a^* 和黄度 b^*）如图3-9、图3-10、图3-11所示。在亮度 L^* 方面，可以看出所有香肠样品亮度 L^* 的变化都呈曲线上升趋势，该结果与 Muguerza E 等的测定结果相似；Muguerza E 研究还指出，对照组亮度降低可能还与相对较高的 pH 有关；同时，从图3-9我们还可以看出添加亚硝酸钠和茶多酚香肠样品的亮度优于对照样，表明亚硝酸钠和茶多酚在改善香肠亮度光泽上发挥了作用，且亚硝酸钠的效果要优于茶多酚。

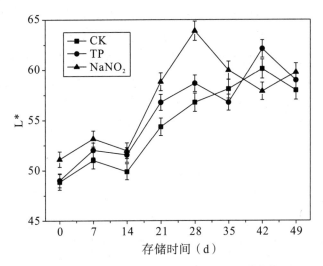

图 3-9 川味香肠贮藏过程中亮度 L^* 的变化

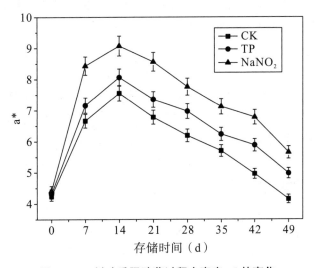

图 3-10 川味香肠贮藏过程中亮度 a^* 的变化

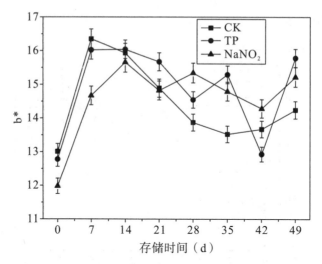

图 3-11　川味香肠贮藏过程中亮度 b^* 的变化

在红度 a^* 方面，所有香肠样品的红度 a^* 均在第 14 d 的时候达到最高峰，亚硝酸钠试验组的峰值最高，茶多酚组次之；此后红度 a^* 均呈下降趋势。这与 Baka A M 等的测定结果相似。Baka A. M. 等人在希腊发酵香肠贮藏过程中品质的变化研究中发现香肠的红度 a^* 值从初始的 8.6 一直上升到 14.9，之后逐渐下降，在贮藏 26 d 后稳定在 11.8 左右。在综合分析香肠贮藏期间颜色感官评分和发色率变化情况的基础上，可以得出香肠在贮藏过程中颜色呈现峰值时间大约为 30 d，而其红度 a^* 的高峰时间却为 14 d，这可能与亚硝酸盐发色形成亚硝基和亚硝胺化学反应的动力平衡有关。在香肠贮藏的前 14 d 里，亚硝酸盐所转化的亚硝酸绝大部分分解释放成亚硝基与肠体肉类原料中的肌红蛋白反应，从而促成亚硝基血红素的大量增加；而 14 d 之后，随着猪肉蛋白的分解而产生的氨以及胺类等碱性含氮挥发性物质增加，亚硝酸盐转化的亚硝酸部分又参与了亚硝胺反应，这很好地解释了香肠的亚硝酸盐残量在 14 d 之后呈大幅度下降的变化情况。Zarringhalami S. 等人研究亚硝酸钠在猪肉香肠的发色机制中指出，在香肠贮藏过程中，亚硝酸盐在乳酸和蛋白生物酶的作用下与香肠原料肉的肌红蛋白发生反应，其中脱氧肌红蛋白、高铁肌红蛋白、氧合肌红蛋白的交替互变，使得肠体色泽发生显著的变化，且持续时间较长，一旦亚硝酸盐逐步耗尽，其发色形成亚硝基和亚硝胺化学反应的动力平衡就会逐渐消亡，此时肠体的新鲜色泽将会褪去，且过程可能不会缓慢。而茶多酚的发色护色机制可能是基于茶多酚具有良好抑制猪肉蛋白碱性含氮挥发性物质产生的性质，从而削弱亚硝胺反应活性，促使整个化学变化朝亚硝酸盐发色形成亚硝基方向进行，因此增加了香肠的红度 a^* 值。Lorenzo J. M. 用蛋白水解酶削减发酵香肠中亚硝胺反应活性，从而在货架期间维持肠体较高的红度 a^* 值。

在黄度方面，所有样品的黄度 b^* 差异并没有呈现出规律性变化趋势，说明亚硝酸钠、茶多酚对香肠贮藏期间的黄度 b^* 变化并没有太大的影响。这与 Hayes J. E. 等人研究结果一致。Hayes J. E. 等人在研究包括叶黄素、芝麻酚、鞣花酸和橄榄叶提取物在内的植物提取物对蒸煮香肠品质变化时发现，蒸煮香肠的黄度 b^* 并没有这些提取物的加入而产生规律性的变化，他们认为处理样和对照样黄度 b^* 微小的变化可能是肠体切面的不平整造成实验误差或者是这些添加物自身影响香肠肉色的测定。

3.5.5　亚硝酸盐残留量指标的变化

"亚硝酸盐问题"的安全性一直是肉类工业的争议问题。亚硝酸盐作为常用的发色剂、防腐剂和抗氧化剂，对香肠肉制品有发色、抑菌、抗氧化、改善风味和质构等作用，但是其作用机制、危害和解决途径一直备受关注。在我国国标中规定亚硝酸钠的最大使用量是 150 mg/kg，而残留量却是小于 30 mg/kg，这两者相差 5 倍。这也说明了亚硝酸盐残量这一指标的重要性。

川味香肠在贮藏过程中的亚硝酸盐残留量（Nitrite residue，NR）变化如图 3-12 所示。

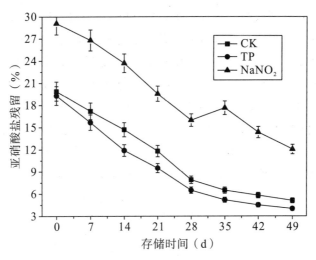

图 3-12　川味香肠贮藏过程中亚硝酸盐残留量的变化

可以看出在整个贮藏过程中亚硝酸盐残留量明显降低，且三组香肠样品的亚硝酸盐残留量均低于国标规定的残留量标准（30 mg/kg）。值得说明的是，尽管亚硝酸钠试验组的亚硝酸盐残量在国标规定的范围内，但在前 21 d 其指标一直处于高线（>20 mg/kg）。有研究认为亚硝酸盐参与肉制品发色反应主要集中在发酵或货架期的中前期，在末期其含量已经下降到极低值。但我们在试验中发现，在香肠制品的货架期终端，亚硝酸盐残量指标仍然是空白对照组、茶多酚组的 2.4 倍及 3 倍。同时，从图 3-12 可以看出，茶多酚组的亚硝酸盐残量一直保持最低，特别在香肠成熟期（21 d 后）呈现出更低的趋势，这说明茶多酚在提高香肠颜色感官评分、发色率、红度 a^* 的同时，也减低了香肠贮藏过程中亚硝酸盐残留量。这表明，在香肠制作过程中加入适量的茶多酚可在保证香肠颜色品质的同时，减少亚硝酸盐的使用量以及较大幅度减低香肠贮藏过程中亚硝酸盐残留量，从而增加香肠食用的安全性。

3.6 香肠品质控制机制探讨

3.6.1 Pearson 相关性函数

世界上的事物和现象都不是孤立存在的，它与其他一些事物和现象之间存在着相互联系。例如，人体的身高和体重、年龄和血压，温度与化学反应速率、底物浓度与生物量，国民收入和居民储蓄存款、股市走势与 GDP 增长、学生高中成绩和高考成绩，等等。相关性分析是解决客观事物或现象相互关系密切程度的问题，当一个变量增大，另一个也随之增大（或减少），这种现象我们称之为共变，或相关（correlation）。两个变量有共变现象，称为有相关关系。相关关系的各变量之间又都是动态的变化过程。常用的相关系数函数主要有 Pearson 相关、Spearman 相关以及 Kendall 相关等。其中 Pearson 相关函数属于积差性质的相关系数，广泛用于度量两个变量之间的相关程度。它是由英国数学家卡尔·皮尔逊于 20 世纪初提出的一种计算直线相关的方法。假设有两个变量 X、Y，那么两变量间的皮尔逊相关系数可通过以下公式计算：

$$\rho_{X,Y} = \frac{\sum XY - \dfrac{\sum X \sum Y}{N}}{\sqrt{\left[\sum X^2 - \dfrac{(\sum X)^2}{N}\right]\left[\sum Y^2 - \dfrac{(\sum Y)^2}{N}\right]}} \qquad (3-1)$$

式中，ρ 称为皮尔逊相关系数，N 表示变量取值的个数。皮尔逊相关系数值是一个范围在 -1.0~1.0 之间（包括 -1.0 和 1.0）的无量纲指数，反映了两个数据集合之间的线性相关程度。一般来说，该相关系数的绝对值越大，相关性越强；相关系数越接近于 1.0 或 −1.0，相关度越强；相关系数越接近于 0，相关度越弱。通常情况下通过以下取值范围判断变量的相关强度：0.8～1.0 为极强相关，0.6～0.8 为强相关，0.4～0.6 为中等程度相关，0.2～0.4 为弱相关，0.0～0.2 则属于极弱相关或无相关。

3.6.2　香肠品质指标的相关性研究

在对川味香肠货架期间品质指标变化的综合分析基础上，我们选取细菌总数（TVC）、乳酸菌数（LAB）、pH 值、TVB−N 值、TBA 值、感官评定（SE）6 个香肠品质指标进行 Pearson 相关性分析，具体的指标之间相关性见表 3−1（空白对照组）和表 3−2（茶多酚组）。

表 3−1　香肠品质指标 Pearson 相关系数表（空白对照组）

	TVC	LAB	pH	TVB−N	TBA	SE
TVC	1					
LAB	0.986**	1				
pH	−0.985**	−.985**	1			
TVB−N	0.922**	0.874**	−0.857**	1		
TBA	0.948**	0.915**	−0.939**	0.866**	1	
SE	0.460	0.575	−0.459	0.351	0.220	1

注：** 说明在 0.01 水平上显著相关，* 说明 0.05 水平上显著相关。

表 3−2　香肠品质指标 Pearson 相关系数表（茶多酚组）

	TVC	LAB	pH	TVB−N	TBA	SE
TVC	1					
LAB	0.914**	1				
pH	−0.986**	−0.904**	1			
TVB−N	0.918**	0.835**	−0.908**	1		
TBA	0.941**	0.816**	−0.948**	0.871**	1	
SE	0.598	0.725*	−0.512	0.579	0.390	1

注：** 说明在 0.01 水平上显著相关，* 说明 0.05 水平上显著相关。

从表 3-1 和表 3-2 可以看出，Pearson 相关系数可以很好地用来评价除了感官指标外的香肠品质指标之间相互变化关系。

其中，微生物指标（TVC、LAB）与 pH 值的相关性极其显著（$p <$ 0.01），系数指标都在 0.985 以上，说明了乳酸菌产酸确实是改变肠体 pH 值和抑制其致病腐败可见菌的生长繁殖，印证了之前分析的 Pringsulaka O. (2012) 等人研究结果（发酵肉制品中 75% 的 pH 值变化是由乳酸菌产酸引起的，肉制品的 pH 值是肉鲜度的最直观表征指标之一）。进一步对茶多酚组的微生物指标（TVC、LAB）与 pH 值进行相关性分析，由结果可知，LAB 与 TVC 和 pH 值指标的相关性尽管依旧是极其显著（$p < 0.01$），但与空白对照组相比较相关系数值稍微有所下降，说明茶多酚在发挥抑菌性的同时，的确对 LAB 产生了负面影响，尽管这种负面影响极弱。虽然前面章节分析的 Rodríguez H. 在研究指出，部分乳酸菌中能够以多酚类物质为营养物质且得到 Hervert-Hernández D 等人的进一步验证（研究葡萄籽多酚对嗜酸乳酸菌产酸性能有一定的促进作用）。但在本试验中，茶多酚中的单宁、多酚类物质更多扮演的是阻碍乳酸菌产酸作用的角色。Arapitsas P. 等就曾总结指出低聚合体的植物单宁物质因聚合度较低，在活性微生物环境下产生的生物酶所具有的抑菌作用要明显大于降解作用，试验中茶多酚中的单宁聚合度较低，这就合理解释了其对 LAB 所产生的负面影响。

研究结果还显示，化学品质指标（TVB-N、TBA）和微生物指标（TVC、LAB）、pH 值的相关性极其显著（$p < 0.01$）。相对而言，TBA 的相关性总体上要比 TVB-N 略好，验证了第二章中选取的 TBA 指标而非 TVB-N 作为品质指标参数进行预测货架期建模的正确性。从茶多酚组与对照组进一步分析发现，茶多酚的使用并未改变这些指标之间的相关性，此外，从表 3-1 和表 3-2 可以看出，感官指标与其他指标的相关性都未呈现极其显著，只是茶多酚组中与 LAB 值在 0.05 水平上出现过，且相关性的显著值偏低。这说明，人为的感官评定，存在着主观上的不确定性，与化学指标或微生物指标等定量检测指标还存在较大的误差。

3.6.3 香肠发色机制与亚硝酸盐残量的相关性研究

为了研究亚硝酸盐和茶多酚在香肠发色过程中的影响作用，我们选取了亚硝酸盐残量（NR）、颜色感官（CE）、发色率（CR）、色差（L^*、a^*、b^*）这四个指标进行 Pearson 相关性分析，具体指标之间相关性分析结果见表 3-3（空白对照组）、表 3-4（茶多酚组）和表 3-5（亚硝酸钠组）。

表 3-3　香肠亚硝酸盐残量与发色指标 Pearson 相关系数表（空白对照组）

	NR	CE	CR	L^*	a^*	b^*
NR	1					
CE	-0.189	1				
CR	-0.814*	0.542	1			
L^*	-0.962**	0.258	0.753*	1		
a^*	0.246	0.538	0.300	-0.333	1	
b^*	0.342	0.071	-0.061	-0.428	0.751*	1

注：** 说明在 0.01 水平上显著相关，* 说明 0.05 水平上显著相关。

表 3-4　香肠亚硝酸盐残量与发色指标 Pearson 相关系数表（茶多酚组）
residue of the sausage (TP group)

	NR	CE	CR	L^*	a^*	b^*
NR	1					
CE	-0.240	1				
CR	-0.912**	0.603	1			
L^*	-0.922**	0.258	0.827*	1		
a^*	-0.047	0.772*	0.392	-0.029	1	
b^*	-0.127	0.264	0.300	-0.102	0.623	1

注：** 说明在 0.01 水平上显著相关，* 说明 0.05 水平上显著相关。

表 3-5　香肠亚硝酸盐残量与发色指标 Pearson 相关系数表（亚硝酸钠组）

	NR	CE	CR	L^*	a^*	b^*
NR	1					
CE	0.321	1				
CR	-0.871**	0.605	1			
L^*	-0.935**	-0.007	0.618	1		
a^*	0.029	0.746*	0.797*	0.074	1	
b^*	-0.536	0.232	0.829*	0.481	0.732*	1

注：** 说明在 0.01 水平上显著相关，* 说明 0.05 水平上显著相关。

首先，分析三种颜色测试方法的相关性。从表3-3、表3-4和表3-5我们可知，三种不同颜色的测试方法中，颜色感官与发色率和亮度L^*的相关性都是属于中等相关（$0.5 < \rho < 0.7$），在增加发色效果的情况下（TP组和SN组），才会出现与红度a^*在0.05水平上显著相关（$\rho > 0.7$），说明颜色感官存在着一定的不确定性，容易随环境条件和人为主观等因素影响；发色率与亮度L^*、红度a^*都在0.05水平上显著相关，说明化学检测和仪器检测方法都是良好的颜色检测手段，结合两者与亚硝酸盐残量ρ相关性系数的差值，可以看出仪器检测方法要优于化学测试方法。

其次，分析香肠在贮藏过程中亚硝酸盐残量与发色率和亮度L^*的相关性。结果发现它们都是极其显著相关（$p < 0.01$），说明了亚硝酸钠对香肠发色有着非常重要的作用。

相关文献研究表明，将亚硝酸盐添加到香肠肉制品中，经历了复杂的化学反应和微生物代谢机制。尽管亚硝酸盐发色机制还存在争论，但是我们可以肯定在香肠制作完成时，原料肉中的生物酶活性和代谢依然存在，特别是在肠体内部，随着O_2供给的不足，微生物代谢朝着厌氧方式发展。根据生物化学代谢原理，这个时候香肠原料肉的肌肉进行糖原代谢产生乳酸，此外ATP过程也会释放出磷酸，这样肠体环境酸碱度的降低，使得产品中亚硝酸盐分解生产亚硝酸。亚硝酸的稳定性不足，一部分亚硝酸在原料肉中脱氮菌或肠体系统的其他还原物质作用下发生歧化反应生成硝酸和一氧化氮，此后一氧化氮会与肌红蛋白、血红蛋白等结合成鲜红色的亚硝基肌红蛋白、亚硝基血红蛋白，而这些蛋白在受热或其他因素下作用下形成稳定的粉红色亚硝基血红素，即一氧化氮亚铁血色原，从而起到发色效果；另外一部分的亚硝酸在适合的条件下将亚硝酸钠酸化，与原料肉中的大量胺和氨基酸发生硝化作用，生成亚硝基化合物，例如亚硝胺、亚硝酰等，之后进一步生成具有强烈致癌作用亚硝胺物质，例如N，N-二甲基亚硝胺（NDMA）、N-亚硝基二乙胺（DENA）等。可见，亚硝酸盐的介入，使得亚硝酸的两个动态平衡都得到加强，相应表现出来就是亚硝基血红素的增加，于是就体现出较高的发色率或色差值。

此外，根据茶多酚组的亚硝酸盐残量与a^*值、L^*值的ρ相关系数结果与亚硝酸钠试验组和空白对照组差异的分析，进一步证实了茶多酚在增加香肠的发色效果的同时，还能显著减少亚硝酸盐残量，从而增加香肠食用的安全性。

3.6.4　茶多酚对延长香肠货架期的研究

通过茶多酚对香肠贮藏过程中品质指标变化影响及其Pearson相关性函数

分析的研究，可以认为添加茶多酚的川味香肠更能有效地抑制细菌繁殖，减缓脂肪氧化，延缓腐败变质，从而延长香肠的货架期；同时，在发色护色以及减少亚硝酸盐残量上都显示了积极的作用。表 3-6 和 3-7 综合显示了香肠各个指标的货架期以及最佳食用时期的安全指标情况。

从表 3-6 分析可知，空白对照组香肠的货架期在 35~38 d，茶多酚组香肠货架期为 45~48 d，提高了大约 10 d（天）左右，约延长 30% 的货架期。食用的最佳时期两组都一样，为第 3~4 周左右，发色最佳时间茶多酚组稍微滞后，基本都在第 4~5 周左右，亚硝酸钠残量的减少率大约为 25%。

表 3-6　空白对照组和茶多酚组对川味香肠货架的比较

Treatment	Shelf-life（days）			
	TVC[1,5]	TVB-N[2,5]	TBA[3,5]	Sensory scores[4,5]
CK	41~43	37~38	36~38	35~38
TP	48~49	47~48	46~47	44~46

[1] Based on a TVC limit value of 8.0 $\log_{10}$ cfu/g.

[2] Based on a TVB-N limit value of 20 mg/100g.

[3] Based on a TBA limit value of 1 mg/kg.

[4] Based on acceptance sensory score of 7.

[5] Data obtained from Figs. 3-1，3-4，3-5 and 3-6 respectively.

表 3-7　川味香肠食用最佳时期的安全指标情况

试验组	阶段一		阶段二		阶段三	
	食用最佳时期（d）	亚硝酸盐残量（%）	颜色最佳时期（d）	亚硝酸盐残量（%）	最长贮藏期（d）	亚硝酸盐残量（%）
空白组	20~28	7.8~11.8	28~30	5.6~8.1	35~38	5.5~6
茶多酚组	21~28	6.3~9.5	28~35	5.2~6.5	45~48	4~4.5

3.7　本章小结

（1）通过茶多酚对香肠贮藏过程中品质指标变化影响的研究，结果表明添加茶多酚的川味香肠能有效抑制细菌繁殖，减缓脂肪氧化，延缓腐败变质，延长香肠的货架期约达 30%。

（2）研究了川味香肠贮藏期间品质指标的 Pearson 相关性，结果发现微生物指标（TVC、LAB）与 pH 值的相关性极其显著（$p < 0.01$），相关系数 p

都在 0.985 以上；化学品质指标（TVB−N、TBA）和微生物指标（TVC、LAB)、pH 值也显著相关（$p<0.01$），相对而言，TBA 的相关性总体上要比 TVB−N 略好。

（3）研究了川味香肠贮藏期间颜色指标的 Pearson 相关性，结果表明颜色感官与发色率和亮度 L^* 的相关性都是属于中等相关（$0.5<p<0.7$），发色率与亮度 L^* 和红度 a^* 在 0.05 水平上显著相关，说明化学检测和仪器检测方法都是良好的颜色检测手段，结合两者与亚硝酸盐残量相关系数 p 的差值，确定仪器检测方法要优于化学测试方法。

（4）研究了川味香肠发色机理，探讨了亚硝酸盐残量在发色护色过程中的变化规律，结果发现，亚硝酸盐残量与发色率和亮度 L^* 的相关性极其显著，Pearson 相关系数最高可达 0.962，亚硝酸钠对香肠发色有着非常重要的作用；同时，在不影响香肠风味的情况下，使用茶多酚作为添加剂，在货架期终端将减少亚硝酸钠残量大约为 25％，提高了川味香肠食用的安全性。

参考文献

［1］ Cockburn A，Heppner C W，Dorne. J L C M. Environmental Contaminants：Nitrate and Nitrite ［J］. Encyclopedia of Food Safety，2014 (2)：332−336.

［2］ Bryan N S，Alexander D D，Coughlin J R，et al. Ingested nitrate and nitrite and stomach cancer risk：An updated review ［J］. Food and Chemical Toxicology，2012，50 (10)：3646−3665.

［3］ 2014 年世界癌症报告 ［R］. The International Agency for Research on Cancer，2014. 2.

［4］ Namal Senanayake S P J. Green tea extract：Chemistry, antioxidant properties and food applications – A review ［J］. Journal of Functional Foods，2013，5 (4)：1529−1541.

［5］ 戴滢. 全国食品添加剂标准化技术委员会第十一届会议内容摘要 ［J］. 广州食品工业科技，1991 (2)：003.

［6］ Dong L，Zhu J，Li X，et al. Effect of tea polyphenols on the physical and chemical characteristics of dried−seasoned squid (Dosidicus gigas) during storage ［J］. Food Control，2013，31 (2)：586−592.

［7］ Association of Official Analytical Chemists，Association of Official Agricultural Chemists（US）. Official methods of analysis ［M］.

Rockville：Association of Official Agricultural Chemists，2002.

[8] 严利强，杨长平，范文教，等. 川味红曲发酵香肠制作工艺的优化研究 [J]. 食品工业，2013（9）：1—2.

[9] GB 4789.2—2010，菌落总数测定 [S]. 北京：中华人民共和国卫生部，2010.

[10] GB 4789.35—2010，乳酸菌测定 [S]. 北京：中华人民共和国卫生部，2010.

[11] 范文教，孙俊秀，陈云川，等. 茶多酚对鲢鱼微冻冷藏保鲜的影响 [J]. 农业工程学报，2009，25（2）：294—297.

[12] Hornsey H C. The colour of cooked cured pork. I. —Estimation of the Nitric oxide—Haem Pigments [J]. Journal of the Science of Food and Agriculture, 1956，7（8）：534—540.

[13] Tuberoso C I G, Jerković I, Sarais G, et al. Color evaluation of seventeen European unifloral honey types by means of spectrophotometrically determined CIE chromaticity coordinates [J]. Food chemistry, 2014，145（1）：284—291.

[14] GB 5009.33—2010，食品中亚硝酸盐与硝酸盐的测定 [S]. 北京：中华人民共和国卫生部，2010.

[15] Cobb E F, Vanderzant C, Hanna M O, et al. Effect of ice storage on microbiological and chemical changes in shrimp and melting ice in a model system [J]. Journal of Food Science, 1976，41（1）：29—34.

[16] Trząskowska M, Koło ż yn — Krajewska D, Wójciak K, et al. Microbiological quality of raw—fermented sausages with Lactobacillus casei LOCK 0900 probiotic strain [J]. Food Control, 2014，35（1）：184—191.

[17] Feng T, Ye R, Zhuang H, et al. Physicochemical properties and sensory evaluation of Mesona Blumes gum/rice starch mixed gels as fat—substitutes in Chinese Cantonese—style sausage [J]. Food Research International, 2013，50（1）：85—93.

[18] Liu D C, Wu S W, Tan F J. Effects of addition ofanka rice on the qualities of low—nitrite Chinese sausages [J]. Food chemistry, 2010，118（2）：245—250.

[19] Jongberg S, Tørngren M A, Gunvig A, et al. Effect of green tea or

rosemary extract on protein oxidation in Bologna type sausages prepared from oxidatively stressed pork [J]. Meat science, 2013, 93 (3): 538−546.

[20] Siripatrawan U, Noipha S. Active film from chitosan incorporating green tea extract for shelf life extension of pork sausages [J]. Food Hydrocolloids, 2012, 27 (1): 102−108.

[21] 吕兵，张国农. 分离自传统腊肠中的乳酸菌的特性研究 [J]. 食品与发酵工业，2004, 30 (8): 64−67.

[22] Cano−García L, Belloch C, Flores M. Impact of Debaryomyces hansenii strains inoculation on the quality of slow dry−cured fermented sausages [J]. Meat science, 2014, 96 (4): 1469−1477.

[23] Rodríguez H, Curiel J A, Landete J M, et al. Food phenolics and lactic acid bacteria [J]. International journal of food microbiology, 2009, 132 (2): 79−90.

[24] Hervert−Hernández D, Pintado C, Rotger R, et al. Stimulatory role of grape pomace polyphenols on Lactobacillus acidophilus growth [J]. International journal of food microbiology, 2009, 136 (1): 119−122.

[25] Pringsulaka O, Thongngam N, Suwannasai N, et al. Partial characterisation of bacteriocins produced by lactic acid bacteria isolated from Thai fermented meat and fish products [J]. Food Control, 2012, 23 (2): 547−551.

[26] Tomac A, Mascheroni R H, Yeannes M I. Modeling total volatile basic nitrogen production as a dose function in gamma irradiated refrigerated squid rings [J]. LWT−Food Science and Technology, 2014, 56 (2): 533−536.

[27] 沈清武. 发酵干香肠成熟过程中的菌相变化及发酵剂对产品质量的影响 [D]. 北京：中国农业大学，2004.

[28] Coronado S A, Trout G R, Dunshea F R, et al. Antioxidant effects of rosemary extract and whey powder on the oxidative stability of wiener sausages during 10 months frozen storage [J]. Meat Science, 2002, 62 (2): 217−224.

[29] 蓝蔚青，谢晶. 酸性电解水与溶菌酶对冷藏带鱼品质变化的影响 [J]. 福建农林大学学报（自然科学版），2013 (1): 100−105.

[30] Baer A A, Dilger A C. Effect of fat quality on sausage processing,

texture, and sensory characteristics [J]. Meat science, 2014, 96 (3):
1242—1249.

[31] Qiu C, Zhao M, Sun W, et al. Changes in lipid composition, fatty acid
profile and lipid oxidative stability during Cantonese sausage processing
[J]. Meat science, 2013, 93 (3): 525—532.

[32] Zhang L, Lin Y H, Leng X J, et al. Effect of sage (*Salvia officinalis*)
on the oxidative stability of Chinese—style sausage during refrigerated
storage [J]. Meat science, 2013, 95 (2): 145—150.

[33] Krkić N, Šojić B, Lazić V, et al. Lipid oxidative changes in chitosan—
oregano coated traditional dry fermented sausage Petrovská klobása [J].
Meat science, 2013, 93 (3): 767—770.

[34] Nassu R T, Gonçalves L A G, Pereira da Silva M A A, et al. Oxidative
stability of fermented goat meat sausage with different levels of natural
antioxidant [J]. Meat Science, 2003, 63 (1): 43—49.

[35] Baka A M, Papavergou E J, Pragalaki T, et al. Effect of selected
autochthonous starter cultures on processing and quality characteristics
of Greek fermented sausages [J]. LWT—Food Science and Technology,
2011, 44 (1): 54—61.

[36] Ščetar M, Kovačić E, Kurek M, et al. Shelf life of packaged sliced dry
fermented sausage under different temperature [J]. Meat science, 2013,
93 (4): 802—809.

[37] Salinas Y, Ros—Lis J V, Vivancos J L, et al. A chromogenic sensor
array for boiled marinated turkey freshness monitoring [J]. Sensors and
Actuators B: Chemical, 2014, 190: 326—333.

[38] Muguerza E, Fista G, Ansorena D, et al. Effect of fat level and partial
replacement of pork backfat with olive oil on processing and quality
characteristics of fermented sausages [J]. Meat Science, 2002, 61 (4):
397—404.

[39] Zarringhalami S, Sahari M A, Hamidi—Esfehani Z. Partial replacement
of nitrite by annatto as a colour additive in sausage [J]. Meat science,
2009, 81 (1): 281—284.

[40] Lorenzo J M, Franco D. Fat effect on physico—chemical, microbial and
textural changes through the manufactured of dry—cured foal sausage

Lipolysis, proteolysis and sensory properties [J]. Meat science, 2012, 92 (4): 704—714.

[41] Hayes J E, Stepanyan V, Allen P, et al. Evaluation of the effects of selected plant – derived nutraceuticals on the quality and shelf – life stability of raw and cooked pork sausages [J]. LWT—Food Science and Technology, 2011, 44 (1): 164—172.

[42] GB 2760—2011. 食品添加剂使用标准 [S]. 北京: 中华人民共和国卫生部, 2011.

[43] 吕兵, 章军, 王芬. 乳酸菌发酵香肠中风味物质变化的研究 [J]. 食品科技, 2003 (5): 29—31.

[44] Buda A, Jarynowski A. Life Time of Correlations and Its Applications [M]. Andrzej Buda Wydawnictwo Niezale L'L'ne, 2010, 5—21.

[45] Kenney J F, Keeping E S. Mathematics of Statistics, Pt. 2, [M]. 2nd ed. Princeton, NJ: Van Nostrand, 1951.

[46] Arapitsas P. Hydrolyzable tannin analysis in food [J]. Food chemistry, 2012, 135 (3): 1708—1717.

[47] Yurchenko S, Mölder U. The occurrence of volatile N—nitrosamines in Estonian meat products [J]. Food chemistry, 2007, 100 (4): 1713—1721.

[48] GB2730—2005, 腌腊肉制品卫生标准 [S]. 北京: 中华人民共和国卫生部, 2005.

[49] Claudia R C, Francisco J C. Effect of an argon—containing packaging atmosphere on the quality of fresh pork sausages during refrigerated storage [J]. Food control, 2010, 21 (10): 1331—1337.

[50] Wenjiao F, Yongkui Z, Yunchuan C, et al. TBARS predictive models of pork sausages stored at different temperatures [J]. Meat science, 2014, 96 (1): 1—4.

第4章　不同贮藏时间川味香肠的 电子舌识别研究

4.1　引言

肉制品品质的检测方法主要有基于人为的感官评定、基于化学分析的理化指标、基于微生物分析的菌落指标。利用这些方法虽然能够满足肉制品的安全分析检测，但均存在耗时长、所需设备和样品处理复杂等问题，很难实现快速检测；同时，由于肉制品食用品质是由多个质量指标构成的，因此鉴别其食用品质往往需要同时测试几个质量指标。肉制品品质检测方法的停滞不前已经严重阻碍了肉制品工业的食用安全性发展，特别是在实现对肉制品生产过程中的品质变化、货架期的有效评价、产品等级标注以及物流运输过程中的质量变化监控等，急需出现一个既能客观反映和判定肉制品品质，又能满足现有肉制品加工生产和市场应用的方便快捷检测评价方法。

电子舌（Electronic tongue，ET）又称人工仿生分析系统（Artificial olfactory），是 20 世纪 90 年代快速发展的通过采集样品挥发性成分整体信息来评价样品的新型食品组分识别和检测技术。这套仿生系统克服了现行的食品质量鉴别利用化学成分分析的方法难以获得完整信息（例如，白酒的有效化学成分多达 2000 种，烟草烟气化学成分约有 5000 种等）的缺点，通过传感装置采集多维响应信号，利用多元统计分析方法、神经网络方法和模糊方法等进行数学处理，建立识别模式，将多维响应信号转换为质量品质指标值，完成对被测物质的定性、定量分析结果的智能解释，它得到的不是被测样品中某种或某几种成分的定性与定量结果，而是样品的整体信息，也称作"指纹"数据。现有资料表明，电子舌因其快速、简便、无损等特点迅速在绿茶、鱼肉、年份白酒、啤酒、牛奶、果汁饮料、蔬菜农药残余等食品领域得到大规模的应用。

本章利用电子舌分析识别不同贮藏时间的川味香肠，通过测定香肠的电子舌传感器响应信号特征图谱，研究不同贮藏时间川味香肠的电子舌信号响应规律，并根据模式识别方法建立相关模型，旨在建立一种快速、简便、实用的区分不同贮藏时间川味香肠品质的电子舌评价方法，为电子舌检测技术取代传统的理化指标和微生物指标检测技术提供参考，为肉制品的安全检测提供技术依据。

4.2　电子舌装置

4.2.1　α－Astree 电子舌

研究采用的电子舌为法国 Alpha MOS 公司生产的 α－Astree 型电子舌。该电子舌系统包括化学传感器阵列（7 个电化学传感器和 1 个参比电极）、16 位自动进样器（带 90 mL 烧杯）、数据采集系统（信号模块）与电子舌配套数据分析软件。具体组成构成如图 4－1 所示。

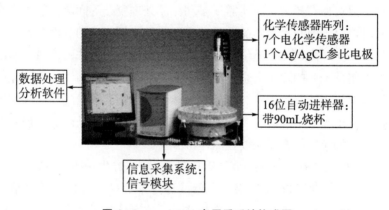

图 4－1　α－Astree 电子舌系统构成图

α－Astree 型电子舌的传感器属于电化学型中的金属氧化物（Metal Oxide Semiconductor，MOS）型，其传感器阵列由 7 个化学选择性区域效应的味觉传感器（ZZ、BA、BB、CA、GA、HA、JB）和一个 Ag/AgCl 参比电极组成。这 7 个传感器的响应范围涵盖了基本的 5 味味觉呈味物质酸、甜、苦、咸与鲜。具体检测阈值见表 4－1。

表 4-1　α-Astree 电子舌传感器对五味基础呈味物质的检测阈值

呈味味觉	代表物质	检测阈值（10^{-7} mol/L）						
		ZZ	BA	BB	CA	GA	HA	JB
酸	乙酸	1	10	1	1	1	10	1
咸	氯化钠	10	100	100	100	1000	1000	100
甜	葡萄糖	1	1000	1	1	1000	1000	1000
苦	咖啡因	100	1000	1000	100	1000	1000	1000
鲜	谷氨酸钠	100	1000	1000	1000	100	1000	1000

一般来说，检测阈值越低，传感器敏感性越高。从表 4-1 可知，α-Astree 电子舌的 7 个传感器对每种呈味物质的敏感性不同。其中，ZZ、BB、CA 这 3 个传感器对酸和甜的检测阈值均达到 10^{-7} mol/L，说明它们对酸和甜这两种基础呈味物质敏感。根据 Alpha MOS 公司提供的设备说明，这 7 个传感器使用了化学方法修正的场效应管技术，基本原理是每个传感器有两个由绝缘体连接的具有高速传导能力的半导体区，其中，绝缘体表面覆盖着一层膜，这层膜能够与被检测的样本物质形成不同的分子间键合化学作用力，不同的作用力会导致膜的电势差，然后以恒定的参比电极电势作为对照，这些电势差被系统以数字信息的形式输出，也就是不同电势差能够表示不同的被测样品标本。

4.2.1　样品检测参数

不同贮藏时间的香肠样品经充分切碎后，称取 20.0 g，置于锥形瓶中，加入 200 mL 蒸馏水，超声波处理 10 min，经过滤后，取滤液 80 mL 在室温环境下进行电子舌分析，每个样品重复测试 3 次。测量前电子舌检测装置经过初始化、校准、诊断的过程，以确保收集到的数据的稳定性和可靠性。检测每一个样品时传感器共采集 120 s，在进行数据分析与处理时，采用第 120 s 所采集的稳定数据作为输出值进行分析。

4.3　信号数据处理方法

和其他检测仪器不同，电子舌采集输出的数值是反映被测样品引起的传感器电势值的大小，需要对这些信号数据进行模式识别。如果说传感器阵列是电子舌的心脏，那么信号模式识别就是电子舌的灵魂，它对电子舌的检测效果、检测速度和结果的输出形式都起着重要的作用。尽管电子舌的原理各有不同，所采集到的信号数据类型也会有所差异，但是都必须经过模式识别的方法进行信号数据的处理，才能完成对所测样品结果的表征。同时，对于不同的模式识别方法，其优点和缺点也不是一成不变的，我们必须根据电子舌样品传感器信号的特征情况，选择不同的模式识别方法，这样才能发挥出电子舌快速、准确的识别作用。

在本试验中，对不同贮藏时间香肠的电子舌信号特征的数据处理，采用的模式识别方法有主成分分析、判别分析和统计质量控制分析方法。

4.3.1 主成分分析

广义地说，对于电子舌输出的信号数据，如果我们可以区别它们是否相同或是否相似，都可以称之为模式。模式识别就是对这些信号数据进行分类，在错误概率最小的情况下，使分类识别的结果尽可能地与实际相符合。对于一个给定的模式，将面临识别或分类这两个任务：一个是将模式归类到已知的模式类别中，另外一个是将模式纳入未知的模式类别中。前者为监督模式识别，后者称为无监督模式识别。

主成分分析（Principle Component Analysis，PCA）是一种典型的将多个变量通过线性变换以选出较少个数重要变量的一种多元统计分析方法，属于无监督模式识别。该分析方法由卡尔·皮尔逊于1901年建立，用于分析数据及建立数理模型，具有以下特点：①主成分个数远远少于原有变量的个数；②主成分能够反映原有变量的绝大部分信息；③主成分之间互不相关。

主成分分析的基本过程如下：

设一随机向量有 n 个指标，分别用 X_1，X_2，$\cdots$，X_n 表示，则这 n 个指标构成 n 维随机向量：$\boldsymbol{X} = (X_1, X_2 \cdots, X_n)$。

设随机向量 $\boldsymbol{X}$ 的均值为 a，协方差矩阵为 $\sum$。

对 $\boldsymbol{X}$ 进行线性变换，形成新的综合变量，设为 $\boldsymbol{Y}$ 表示，则

$$\begin{cases} \boldsymbol{Y}_1 = a_{11}X_1 + a_{12}X_2 + \cdots a_{1n}X_n \\ \boldsymbol{Y}_2 = a_{21}X_1 + a_{22}X_2 + \cdots a_{2n}X_n \\ \qquad\qquad \cdots \\ \boldsymbol{Y}_n = a_{n1}X_1 + a_{n2}X_2 + \cdots a_{nn}X_n \end{cases}$$

通过换算可求得，协方差矩阵 $\sum$ 特征值对应的特征向量为 $\boldsymbol{a}_{1i}$，$\boldsymbol{a}_{2i}$，

……，a_{mi} （$i=1$，……n），X_1，a_2……，X_n是原始变量经过变化处理的值。

那么，设 $A=(a_{ij})_{nn}=(\alpha_1，\alpha_2，\cdots，\alpha_n)$，$R\alpha_i=\theta_i\alpha_i$，$R$ 为相关系数矩阵，θ_i、α_i是相应的特征值和单位特征向量，同时，$\theta_1\geqslant\theta_2\geqslant\cdots\geqslant\theta_n\geqslant0$，所求方程组满足以下条件：

(1) $a_{1i}^2+a_{2i}^2+\cdots+a_{mi}^2=1$　　（$i=1$，……，n）

(2) $A'A=I_n$

(3) $Cov(Y_i，Y_j)=\theta_i\delta_{ij}$，当 $i=j$ 时 $\delta_{ij}=1$；当 $i\neq j$ 时，$\delta_{ij}=0$。

那么，我们称 $\dfrac{\lambda_1}{\sum\limits_{i=1}^{n}\lambda_i}$ 为第一主成分的贡献率，称 $\dfrac{\sum\limits_{i=1}^{m}\lambda_i}{\sum\limits_{i=1}^{n}\lambda_i}$ 为前 m 个主成分的累计贡献率。

4.3.2　判别分析

判别分析（Discriminant Anaiysis，DA）是在分类确定的情况下，根据某一研究变量的各种特征值判别其类型归属问题的一种多变量统计分析方法。判别分析法首先需要对所研究对象进行分类，然后进一步选择若干个对所观测的研究对象能够较为全面地描述的变量，并建立判别函数，根据判别函数，就可以判断一个未确定类别的样本属于哪一类总体。其基本原理可以简单表述为：

在一个 n 维空间 R 中，有 m 个总体 $Y_1，Y_2，Y_3，\cdots，Y_m$，同时有样本点 $X(X_1,X_2,X_3,\cdots,X_m)$ 有且仅属于这 m 个总体中的一个，判别分析就是要解决并确定这个样本点 X 是属于哪个 Y 总体。首先根据已知样本及其变化规律建立形成一系列判别函数，然后根据所建立的判别函数对原有分类进行检验并确定错误率。当原有分类错误率达到一定程度，则建立起来的判别函数就可以应用于实际统计当中。

具体过程如下：

(1) 判别变量表示的 n 维空间进行旋转，寻找某个角度使各分组平均值的差别尽可能大，然后将其作为判别的第一维度，在这一维度上可以代表或解释原始变量组间方差中最大的部分。相对应的第一维度的判别函数为第一判别函数。

(2) 以此类推寻找第二维度并建立第二判别函数。如此下去直至导出所有判别函数。

建立后续判别函数的条件是：判别函数之间要互相独立，也就是后一函数必须与前面所有函数都正交。那么，这样导出的函数数量加 1 就等于判别变量数或分组数中的较小的数量。同时，导出得到的每一个判别函数都可以反映判别变量组间方差的一部分，并且可以采用所占比例来表示其重要性，各个判别函数所代表的组间方差比例之和应为 100%。

在本章中，主成分分析和判别分析都采用 SPSS19.0 软件进行分析处理，采用 Origin8.6 软件作图。

4.3.3 统计质量控制分析

如果说传感器阵列是电子舌的心脏，那么信号模式识别就是电子舌的灵魂。尽管电子舌的信号模式识别各有不同，但从识别结果的用途上，可以归纳为定性识别和定量识别两种。前面采用的 PCA 主成分分析和 DA 判别因子分析可视为定性识别模式；在定量识别模式上，最常用的是对电子舌传感器响应信号进行回归分析，根据被检测物质理化指标的变化情况，选择合适的拟合参数，与相对应的电子舌传感器响应信号进行回归分析，形成回归方程，从而完成定量分析的预测与判别。换种角度来说，电子舌的定量识别其实就是根据已知样品建立先知数据，然后根据量化指标建立校正曲线模型。被量化指标可以是主观上评定（例如口感、色泽等），也可以是客观指标（例如，浓度、百分比、生产日期等）。

以 Alpha M O S. 公司提供的分析软件中自带的量化分析方法为例：

(1) 浓度的量化分析：用于预测某个产品的浓度，即百分比。

$$Sr = KC^n => \mathrm{Log}\, Sr = \mathrm{Log}\, K + n \cdot \mathrm{Log}\, C$$

其中，浓度值（C）是传感器灵敏度（Sr）的函数，不能为 0 或负。

(2) 感官评定的量化分析：用于预测由感官评定给出的得分。

$$Sr = K \cdot Score$$

感官得分（$Score$）是传感器灵敏度的函数（Sr）。

一般情况下，浓度的量化分析的相关系数大于 0.9，所建的分析模型有效；感官评定的量化分析的相关系数大于 0.9，所建模型有效。同时，用于建立分析模型的样本要在期望的浓度范围内具有代表性。

在电子舌传感器信号量化分析的基础上，我们可以结合统计质量控制分析方法（Statistical Quality Control，SQC）对产品进行过程控制。SQC 是一种常用的产品质量控制方法，主要原理是基于样品参数的正态分布，计算样品分布在 95% 的置信区间。然后利用所得的置信区间，通过计算未知样品在质量控制时的置信度，置信度在置信区间范围内即可认定样品为合格样品，置信度在置信区间范围外为不合格样品。根据统计质量控制分析方法的原理，我们利用已知样品的电子舌传感器信号数据模型，对未知样品进行简单的好与坏的判断。即在考虑被检测样本差异性的基础上，计算出样品的置信区间并将该区间简化为接受区域和拒绝区域，然后将未知样本映射到相对应的区域中，便可判断未知样品的好与坏。

4.4　结果与讨论

4.4.1　香肠样品的传感器原始信号分析

电子舌检测每一个样品时，数据采集时间为 120 s，香肠样品的传感器信号图如图 4-1、4-2 所示（因篇幅原因只列出 0 d 和 7 d 的信号图谱）。图中电子舌 7 个传感器的代号分别为 ZZ、BA、BB、CA、GA、HA、JB，横轴为测量时间，纵轴为采集到的传感器感应强度值。电子舌工作时，待测样品与 7 个传感器镀膜之间的相互作用导致的镀膜电压差被电子舌主机单元转化为数字信息。从图中可以看出，尽管不同贮藏时间的香肠样品引起的传感器响应强度不同，但每根传感器响应信号从第 30 秒开始逐渐趋于平衡，在第 120 秒时达到稳态值。

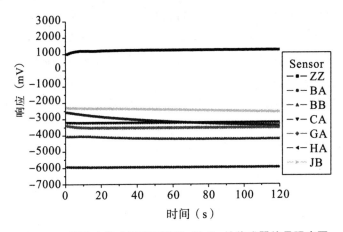

图 4-1　不同贮藏时间香肠样品（0 d）的传感器信号强度图

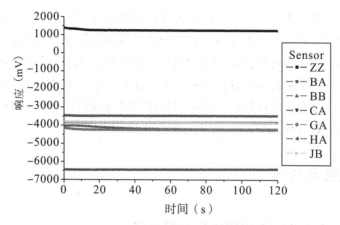

图 4-2 不同贮藏时间香肠样品（7 d）的传感器信号强度图

　　为了更直观地将不同香肠样品的信号强度进行对比分析，将不同贮藏时间的香肠样品在不同传感器下的响应强度峰值描点成一个雷达指纹图谱，如图4-3所示。从上述雷达图可以直观地看出，8 个不同贮藏时间香肠样品之间的传感器信号存在着显著的差异，说明不同传感器对不同样品反应的敏感程度不同。同时，从雷达图谱也可以初步判断样品之间的差异主要表现在 BB、JB、CA、GA 这 4 个传感器上，因此这 4 个传感器可以作为香肠样品差异判断的特征传感器。电子舌的特征传感器根据被检测物质不同而动态变化，这主要归结于传感器对每种呈味物质的敏感性不同。根据表 4-1 中电子舌传感器对五味基础呈味物质的检测阈值我们可以分析得出，香肠在贮藏过程中的呈味物质变化主要集中在酸、甜这两味。酸呈味物质变化我们可以从第 3 章中香肠贮藏过程中的 pH 变化得到印证，而甜呈味物质变化则可能与香肠成熟期中芳香味物质的累积有关。王慧等人在结合食醋发酵过程中总酸、不挥发酸、还原糖以及氨基态氮的变化情况研究电子舌特征传感器的差异，结果显示总酸的特征传感器（顺序均为由强到弱，下同）为 BB、HA、CA、BA，不挥发酸为 HA、BB、BA、CA，还原糖为 ZZ、CA、GA、BB，氨基态氮为 BB、HA、CA、ZZ。

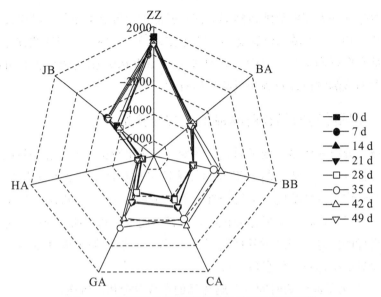

图 4-3　不同贮藏时间香肠样品的雷达指纹图谱

同时，为了考察敏感传感器的重复检测的可靠性，对上述 4 个敏感传感器的相对标准偏差进行分析计算，结果如图 4-4 所示。

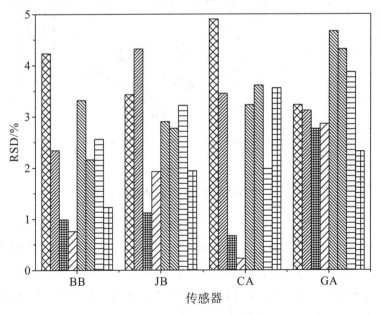

图 4-4　敏感传感器的相对标准偏差

相对标准偏差能够反映传感器对同一样品测定数据的重复性精密度。从图4-4可以看出，4个敏感传感器的 RSD 值都在 5％以内，表明这些样品在敏感传感器都有良好的检测重复性，相对来说 GA 的 RSD 值稍微偏大，可能与该根传感器的检测阈值以及香肠风味物质有关。

4.4.2　不同贮藏时间香肠样品的主成分分析

主成分分析是将多个变量通过线性变换以选出较少个数重要变量的一种多元统计分析方法。主要是将所提取的传感器多指标的信息进行数据转换和降维，并对降维后的特征向量进行线性分类，最后在 PCA 分析图上显示两维或多维图。一般来说，在主成分分析中，贡献率越大，越说明主成分更好地反映原来多指标的信息，当总贡献率超过 70％时，所选用的主成分就可以反映原来所有变量的整体特征信息值。

图 4-5 为不同贮藏时间的香肠样品的主成分分析二维图。

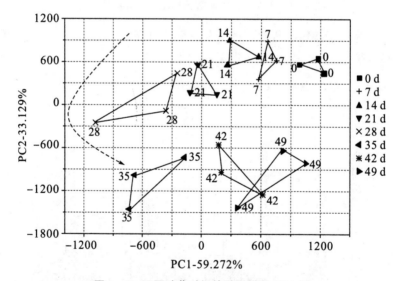

图 4-5　不同贮藏时间的香肠样品 PCA 图

从图 4-5 可见，前 2 个主成分的贡献率分别为 59.272％、33.129％，累计贡献率 92.401％，所以取前 2 个主成分对应的特征向量所决定的两维子空间就能够充分反映香肠样品的整体数据信息。同时，从图中还可以看出，不同贮藏时间的香肠样品分别聚类在 PCA 图中的不同区域，且相互之间能够较好地区分。其中 7 d 和 14 d 两个样品比较接近，21 d 和 28 d 也稍显接近；此外，42 d 和 49 d 有明显区域接触。这说明香肠在贮藏 7～14 d 期间的滋味特性味差异比较接近，贮藏时间在 21～28 d 之间香肠滋味特性较为稳定；之后随着腐败微生物的急剧繁殖，香肠进入品质下滑阶段，图中显示的 42～49 d 滋味特性差异显著，说明香肠已经从新鲜酱香味逐渐转入酸败哈味。高利萍等人利用电子舌对不同冷藏时间草莓的鲜榨汁进行检测，经 PCA 分析第一主成分和第二主成分的贡献率分别为 79.20% 和 13.75%，累积贡献率为 92.95%。他们分析认为前 2 天内 PCA 分析中的聚类区域差异显著是因为草莓采摘前后生理代谢平衡的不同，造成草莓品质迅速下降；而在 3～4 天范围内的聚类区域相对较近，主要归结于采摘后的草莓呼吸代谢经过调整重新达到新的平衡。

　　为了更充分地体现不同贮藏时间香肠样品的整体数据信息，选取贡献率最大的前 3 个主成分进行线性分类并形成 PCA 的三维图（图 4-6）。从图 4-6 可见，主成分累计贡献率达到 98.023%。在 PCA 的 3D 图中，不同贮藏时间的香肠样品在空间上同样聚类在不同的 PCA 空间区域，相互之间的区分度较 PCA 二维图谱有很大的提高，能更清楚地区分不同贮藏时间的香肠样品。特别在二维图谱中的 7～14 d，21～28 d，42～49 d 这个三个较为接近的区域，在三维图谱中完全区分开来，区分度十分显著。Kiranmayee A. H. 等人利用电子舌监控啤酒酿造，研究发现啤酒酿造工艺过程的糖化、发酵两阶段的 PCA 聚类区域在二维图谱中也相对较为接近，而在三维中则可以明显区分。此外，Tian X 等人在对不同贮藏时间的甘草杏电子舌检测中也有类似的发现。

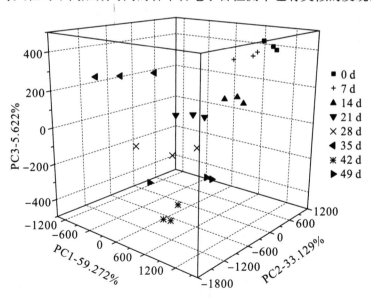

图 4-6　不同贮藏时间的香肠样品 3D-PCA 图

4.4.3 不同贮藏时间香肠样品的判别函数分析

判别函数分析（Discriminant factor analysis，DFA）是通过已知样本数据建立数据库后对未知样本数据进行定性判别的统计分析方法。具体过程为对原始数据向量进行线性变换，使同类样品间的差异性尽量缩小、不同类样品间差异尽量扩大，从而使各类样品能够更好区分。在本试验中，利用 SPSS 软件采用 DFA 分析通过重新组合传感器数据来优化区分性，它的目的是使各个组间的 DFA 图谱重心距离最大，同时保证组内差异最小，在充分保存现有信息的前提下，使同类数据间的差异性尽量缩小，不同类数据间的差异尽量扩大。

图 4-7 为不同贮藏时间的香肠样品判别因子分析二维图。从图 4-7 可见，前 2 个判别因子的贡献率分别为 92.518%、7.471%，累计贡献率 99.989%，从而推算出其余因子的累计贡献率仅为 0.011%。因此，实验数据完全符合 DAF 分析方法原理：使同类样品间的差异性尽量缩小、不同类样品间差异尽量扩大，从而使各类样品能够更好区分。样品在图 4-7 的分布按照箭头所示的方向呈现一定的规律性。具体分析来看，香肠贮藏 35 d 范围内，基本是随着判别因子 DF1 增大、判别因子 DF2 减少的规律变化；之后香肠进入腐败变质阶段，两个判别因子变化趋势则都朝相反方向发展。其中 8 个不同时间段的香肠样品间区分十分显著。从累计贡献率来看，PCA 分析中的前两个成分分析累计贡献率 92.401%，DFA 的前 2 个判别因子累计贡献率为 99.989%，可见在针对不同贮藏时间的香肠电子舌分析方法中，DFA 法要优于 PCA 法。

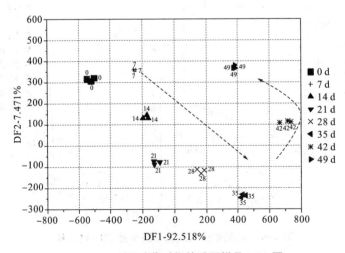

图 4-7　不同贮藏时间的香肠样品 DFA 图

浙江大学王俊教授课题组在采用电子舌对年份白酒进行检测和区分识别中，尽管对白酒样品的浓度进行了1：10比例的稀释，仍发现对伊力特曲、伊力特（五年陈）、伊力老陈酒（十年陈）这三种类型的白酒，电子舌能够有效识别。他们在分析中发现样品在PCA分析中聚类区域较DFA分析更为分散，PCA前两个成分分析累计贡献率为94.545%，而DFA前2个判别因子累计贡献率达到100%，表明电子舌在对年份白酒的识别效果上，DFA法要优于PCA法。在实际应用过程中，可将样品贮藏的时间段进一步细分，形成基本分析图谱，就可根据该图谱分析出未知样品的贮藏时间。Wei Z.等人就利用电子舌的这一特性成功区分出不同巴氏杀菌牛奶的贮藏时间。

4.4.4 不同贮藏时间香肠样品的定量判别

在利用电子舌进行样品的定量分析上，特别是基于不同贮藏时间下的样品质量判断，国内外研究学者都进行了大量的研究。肖宏等人系统研究了电子舌在新陈龙井茶定量判断的应用，利用逐步线性回归模型，明确了新陈龙井茶中茶多酚、氨基酸、咖啡因等主要滋味成分与电子舌传感器的对应关系，形成定量预测模型；高利萍等人利用电子舌对不同冷藏时间草莓的鲜榨汁进行检测，研究发现电子舌传感器响应信号对Vc含量、总酸含量、可溶性固形物含量和pH的定量预测效果都较好。Rudnitskaya A.等人利用偏最小二乘法（PLS）对葡萄汁酒（Port wines）的年份进行电子舌定量识别分析；Dias L. G.等人利用多元回归（MLR）和偏最小二乘法（PLS）对16中非酒精饮料的果糖（Fructose）和葡萄糖（Glucose）含量进行了电子舌定量研究，结果显示所建定量预测模型拟合系数良好，分别为0.96和0.84。

根据研究对象不同贮藏时间香肠样品的特殊性，结合电子舌在样品定量判断的现有研究基础上，利用统计质量控制分析方法，研究了基于电子舌的不同贮藏时间香肠样品质量控制的货架期模型。该模型的基本原理主要基于以下4点：

（1）以初始香肠样品（贮藏时间为0d）为标准原点，利用α—Astree型电子舌自带软件将电子舌传感器信号特征由多个传感器转化为一个单元坐标，并将其强度定义为0。

（2）通过计算不同贮藏时间的香肠样品电子舌传感器信号强度与标准原点之间的距离，定义为两者强度上的差异，并建立定量曲线。

（3）根据不同贮藏时间香肠样品电子信号强度的定量曲线中的突变点，定义为香肠样品品质变化的拐点。同时，可结合拐点时香肠样品的理化指标和微生物指标，分析拐点的可能特征。

（4）通过建立定量曲线对未知样的存放期进行定量识别分析。

试验以刚做好的香肠电子舌传感器强度为标准原点，根据不同贮藏时间的香肠样品电子舌传感器强度分布情况，形成强度信号曲线图，结果如图4-8所示。可以看出不同贮藏时间的香肠样品电子舌传感器强度随着贮藏时间的增加持续增强。同时，根据表3-7中研究显示的香肠食品最佳时期安全指标情况，确定20~28 d 为香肠样品最佳食用时期，我们在强度信号曲线将20~28 d 划定为可接受区域，便可根据未知香肠样品的电子信号强度来确定香肠的贮藏时间是否属于该可接受区域。目前在研究电子舌的具体应用上，利用统计质量控制分析方法对不同贮藏时间物质样品的质量控制还鲜有文献报道。贾洪锋等人研究另一种仿生技术电子鼻的应用时，发现利用统计质量控制分析方法可分成郫县豆瓣区域和非郫县豆瓣区域，从而实现对豆瓣的识别。田怀香等人利用电子舌的统计质量控制分析方法，研究得出不管是否添加硫胺素的鸡肉香精，都落在了鸡汤的可接受区域，从而确定所识别的鸡肉香精在滋味上都比较接近天然鸡汤。

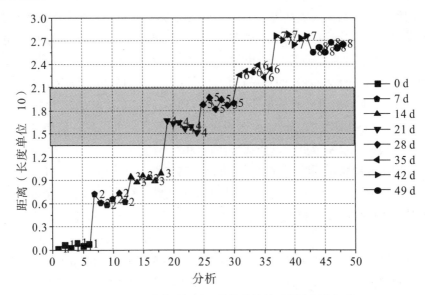

图4-8　不同贮藏时间香肠样品的统计质量控制分析图

4.5　本章小结

（1）通过对不同贮藏时间的香肠样品电子舌传感器原始信号分析，结果显示香肠样品之间传感器信号的差异主要表现在 BB、JB、CA、GA 这 4 根传感器上，且传感器检测值的 RSD 值都在 5％以内，说明具有良好的重复性，因此这 4 根传感器可以作为不同贮藏时间香肠样品差异判断的特征传感器。

（2）利用电子舌对不同贮藏时间的香肠样品进行评价，通过对获得的传感器信号数据进行主成分分析和判别因子分析，结果都能有效区分不同贮藏时间的香肠样品，相对来说采用 DFA 对样品的区分程度更好，仅前 2 个判别因子的累计贡献率就达到 99.989％。因此，可以使用电子舌对不同贮藏时间的香肠样品进行简单、快速、准确的鉴别。

（3）在电子舌对不同贮藏时间的香肠样品定量识别上，利用 SQC 法建立定量曲线，根据已知样品的数据特征，结合理化指标，划定了香肠的最佳食用时期区域，可对未知样的存放期进行定量识别和预测。

（4）香肠的贮藏期间气味成分变化十分复杂，电子舌技术具有的独特优势将在香肠分析识别应用领域具有非常广阔的应用前景。

参考文献

［1］ Miguel Peris，LauraEscuder－Gilabert. On－line monitoring of food fermentation processes using electronic noses and electronic tongues：A review ［J］. Analytica Chimica Acta，2013，804（1），29－36.

［2］ M. S. Cosio，M. Scampicchio，S. Benedetti. Chapter 8 － Electronic Noses and Tongues ［J］. Chemical Analysis of Food：Techniques and Applications，2012，219－247.

［3］ Alpha MOS，α－Astree electronic tongue advance user manual ［R］. 2011.

［4］ 高利萍. 基于电子鼻和电子舌的草莓鲜榨汁的检测 ［D］. 杭州：浙江大学，2012.

［5］ The company of Alpha MOS. Technical features of ASTREE electronic tongue ［R］. http：//www. alpha－mos. com/home. php. 2014.

［6］ Katharina Woertz，Corinna Tissen，Peter Kleinebudde，et al. A comparative study on two electronic tongues for pharmaceutical formulation development［J］．Journal of Pharmaceutical and Biomedical Analysis，2011，55（2）：272－281．

［7］边肇祺．模式识别［M］．第2版．北京：清华大学出版社，2000．

［8］王茹，田师一．模式识别技术在电子舌中的应用与发展［J］．食品科技，2009，34（2）：108－113．

［9］Pearson，K．On lines and planes of closest fit to systems of points in space ［J］．Philosophical Magazine．1901，2（6）：559－572．

［10］肖宏．基于电子舌技术的龙井茶滋味品质检测研究［D］，浙江大学，2010．

［11］Dmitry Kirsanov，Olga Mednova，Vladimir Vietoris，et al．Towards reliable estimation of an "electronic tongue" predictive ability from PLS regression models in wine analysis［J］．Talanta，2012，90（2），109－116．

［12］张晓敏，朱丽敏，张捷，等．采用电子鼻评价肉制品中的香精质量［J］．农业工程学报，2008，24（9）：175－178．

［13］LauraEscuder－Gilabert，Miguel Peris．Review：Highlights in recent applications of electronic tongues in food analysis［J］．Analytica Chimica Acta，2010，665（1）：15－25．

［14］Miguel Peris，LauraEscuder－Gilabert．On－line monitoring of food fermentation processes using electronic noses and electronic tongues：A review［J］．Analytica Chimica Acta，2013，804（4）：29－36．

［15］Alpha MOS．α－Astree electronic tongue advance user manual ［R］．2012．

［16］The company of Alpha MOS．Technical features of ASTREE electronic tongue［R］．http：//www．alpha－mos．com/home．php．2013．

［17］杨军．统计质量控制［M］．北京：中国标准出版社，2012．

［18］吴志高．统计与概率［M］．北京：高等教育出版社，2009．

［19］王慧．电子舌在食醋品质检测及食醋发酵过程监控中的应用［D］．镇江：江苏大学，2009．

［20］贾洪锋，卢一，何江红，等．电子鼻在牦牛肉和牛肉猪肉识别中的应用［J］．农业工程学报，2011，27（5）：358－363．

［21］贾洪锋，梁爱华，何江红，等．电子舌对啤酒的区分识别研究［J］．食品科学，2012，32（24）：252－255．

［22］Kiranmayee A H，Panchariya P C，Sharma A L．New data reduction algorithm for voltammetric signals of electronic tongue for discrimination of liquids [J]. Sensors and Actuators A：Physical，2012，187，154 −161.

[23] Xiaojing Tian，Jun Wang，Xi Zhang. Discrimination of preserved licorice apricot using electronic tongue [J]. Mathematical and Computer Modelling，2013，58 (3)：743−751.

[24] Patrycja Ciosek，Renata Mamińska，Artur Dybko，et al. Potentiometric electronic tongue based on integrated array of microelectrodes [J]. Sensors and Actuators B：Chemical，2007，127 (1)：8−14.

[25] 王永维，王俊，朱晴虹. 基于电子舌的白酒检测与区分研究 [J]. 包装与食品机械，2009，27 (5)：57−61.

[26] Zhenbo Wei，Jun Wang，Xi Zhang. Monitoring of quality and storage time of unsealed pasteurized milk by voltammetric electronic tongue [J]. Electrochimica Acta，2013，88 (15)：231−239.

[27] 肖宏. 基于电子舌技术的龙井茶滋味品质检测研究 [D]. 杭州：浙江大学，2010.

[28] Rudnitskaya A，Delgadillo I，Legin A，et al. Prediction of the Port wine age using an electronic tongue [J]. Chemometrics and Intelligent Laboratory Systems，2007，88 (1)：125−131.

[29] Peres A M，Dias L G，Barcelos T P，et al. An electronic tongue for juice level evaluation in non − alcoholic beverages [J]. Procedia Chemistry，2009，1 (1)：1023−1026.

[30] Tan T T，Schmitt V O，Lucas O，et al. Electronic noses and electronic tongues [J]. LabPlus International，2001，1 (1)：16−19.

[31] 贾洪锋，何江红，袁新宇，等. 电子鼻在不同豆瓣产品识别中的应用 [J]. 食品科学，2011，32 (12)：178−182.

[32] 田怀香，肖作兵，徐霞，等. 基于电子舌的鸡肉香精风味改进研究 [J]. 中国调味品，2011，36 (3)：113−116.

第 5 章　基于电子舌的川味香肠
掺假检测技术研究

5.1　引言

　　2013 年 5 月欧洲马肉冒充牛肉事件曝光显示，欧盟大多数国家的牛肉制品被证明含有马肉（部分含量高达 100％）和其他未申报的肉类，如猪肉、鸡鸭肉等；2013 年 6 月，四川破获病死猪肉制作香肠食品安全案件等。肉制品的安全性问题特别是掺假问题已成为全球瞩目的研究热点。目前，对肉制品掺假检测技术的研究主要集中在以分子生物学为基础的聚合酶链式反应（PCR）技术上，主要根据不同动物的 DNA 具有唯一性的原理，并辅助其他表征方式，从而形成定性、定量检测技术，虽然该法具有实验结果权威、过程可复制、辅助一定表征方式可实现定量分析的优点，但存在着即时性差、步骤烦琐、分析时间长等缺点。

　　本章将利用电子舌仿生技术分析川味香肠的电子舌传感器信号响应特征，通过测定川味香肠的响应信号特征图谱，研究掺杂腐肉、鸡肉的掺假香肠电子舌传感器信号响应规律，并根据模式识别方法建立相关模型，探索电子舌在川味香肠掺假定性、定量检测上的应用，为肉制品的安全检测提供新的途径参考。

5.2　电子舌装置

　　α－Astree 电子舌相关介绍见 4.2。

5.3　试验设计

5.3.1　掺杂腐烂猪肉的香肠掺假

将新鲜猪肉室温下自然放置腐败（约 4 d，TVB-N 值大于 20 mg/100g）后，按一定比例和新鲜猪肉混合（0、20%、40%、60%、80%、100%），按照 2.3.1 节方法制成川味香肠，自然贮藏 3 d 后取样按照 4.2.1 节方法进行电子舌测试。

5.3.2　掺杂鸡肉的香肠

采用鸡肉为添加动物源性原料，按照一定比例和新鲜猪肉混合（0、20%、40%、60%、80%、100%），按照 2.3.1 节方法制成川味香肠，自然贮藏 7 d 后取样 4.2.1 节方法进行电子舌测试。

5.4　信号数据处理方法

5.4.1　主成分分析法

主成分分析法见 4.3.1。

5.4.2　判别分析法

判别分析法见 4.3.2。

5.4.3　统计质量控制分析

统计质量控制分析方法见 4.4.3。

5.4.4　偏最小二乘法

除了主成分分析法和判别分析法，本章还使用了偏最小二乘回归数据处理方法。偏最小二乘法（Partial Least Squares，PLS）是一种多因变量对多自变量回归建模的多元统计数据分析方法，它是 1983 年由 Wbld 和 Albano 等人首次提出。在一般的多元线性分析中，自变量之间的多重相关性会影响多元回归建模的参数估计，从而造成扩大模型误差，不利于所建模型的稳定性。偏最小二乘法则采取一种多因变量对多自变量的回归建模方法，摒弃了以单个的变量因素对模型预测值的影响程度为考察对象，而采用以样本的总体对模型预测值的影响程度，不仅可以得到因变量对自变量的预测模型，还充分考虑了两组自变量之间的相关关系，从而使所建模型的预测更加准确和科学。

偏最小二乘法分析中的模型性能参数主要有：

（1）模型预测值与测试值的相关系数 R （Correlation coefficient）

（2）校准的标准误差 SEC （Standard Error of Calibration）

$$SEC = \sqrt{\frac{1}{I_c - 1}\sum_{i=1}^{I_c}(\hat{y}_i - y_i)^2} \qquad (5-1)$$

（3）预测值的标准误差 SEP （Standard Error of Prediction）

$$SEP = \sqrt{\frac{1}{I_{p\cdot} - 1}\sum_{i=1}^{I_p}(\hat{y}_i - y_i - Bias)^2} \qquad (5-2)$$

（4）预测值的平均误差 RMSEP （The mean squared error of prediction）

$$RMSEP = \frac{1}{I_p}\sum_{i=1}^{I_p}(y_i - \hat{y}_i)^2 \qquad (5-3)$$

（5）预测值与实际值的差异 Bias （Systematic difference between predicted and measured values）

$$Bias = \frac{1}{I_p}\sum_{i=1}^{I_p}(\hat{y}_i - y_i) \qquad (5-4)$$

式中，$\hat{y}_i$ 为预测值，y_i 为测试值，I_c 为校准数据集的数量，I_p 为确认数据集的数量。

5.5 结果与讨论

5.5.1 腐烂猪肉掺假香肠样品的传感器信号分析

电子舌检测不同腐烂猪肉掺假比例香肠样品时，数据采集时间为 120s，香肠样品的传感器信号图如图 5—1、5—2 所示。从图中可以看出，尽管不同腐烂猪肉掺假比例的香肠样品引起的传感器响应强度不同，但 7 个传感器响应信号从约第 18 秒开始逐渐趋于平衡，在第 40 秒时就达到稳态值，一直持续到终端。

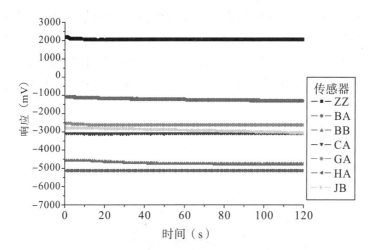

图 5－1　不同腐烂猪肉掺假比例香肠样品的传感器信号强度图（20%）

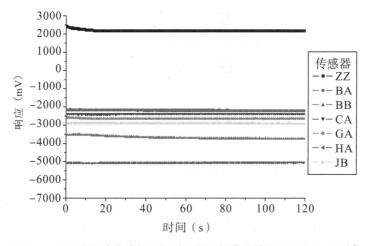

图 5－2　不同腐烂猪肉掺假比例香肠样品的传感器信号强度图（80%）

不同腐烂猪肉掺假比例的香肠样品传感器信号雷达图如图 5－3 所示。各样品编号的掺假比例：1♯为 100%，2♯为 80%，3♯为 60%，4♯为 40%，5♯为 20%，6♯为 0%（下同）。从上述雷达图可直观地看出，6 个不同腐烂猪肉掺假比例的香肠样品之间的传感器信号存在差异，说明不同传感器对不同掺假比例样品反应的敏感程度不同。同时，也可以初步判断样品之间的差异主要表现在 BA、JB、CA、BB 这 4 根传感器上，因此这 4 根传感器可以作为香肠样品差异判断的敏感传感器。与不同贮藏时间香肠的特征敏感传感器相比较，BB、JB、CA 这 3 根为共同的敏感传感器，说明香肠在制作过程中所添加的调味辅料对原料肉腐败掺假具有很强的掩饰性；BA 和 GA 这两根传感器作为它们的差异传感器，结合传感器对不同呈味物质的检测阈值，可以得出腐烂猪肉掺假类型香肠的呈味物质主要体现在苦味、甜味和鲜味上。Hruškar M. 等人利用电子舌对市售 7 种不同的酸奶样品进行检测，发现共同的敏感传感器为 ZZ、BA、BB、HA，差异传感器为 CA、GA；Hsu T. W. 等人研究电子舌在蜂蜜掺假上应用，发现 13 种掺假蜂蜜也有 2 根传感器（ZZ、BB）为差异传感器。遗憾的是，目前还未有相关文献对电子舌在腐败源性掺假类物质的检测研究。

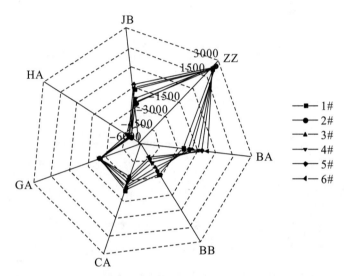

图 5-3　不同腐烂猪肉掺假比例香肠样品的雷达指纹图谱

同时，为了考察敏感传感器重复检测的可靠性，对上述 4 根敏感传感器的相对标准偏差进行分析计算，结果如图 5-4 所示，可以看出 4 根敏感传感器的 RSD 值都没有超过 5%，表明这些样品在敏感传感器有良好的检测重复性。相对来说，随着腐烂猪肉添加比例的增加，这 4 根敏感传感器的 RSD 值都有所增加，说明被检测样品的滋味越复杂，RSD 值有所变大。

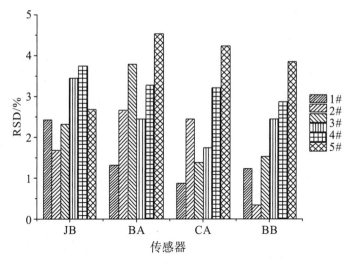

图 5-4　敏感传感器的相对标准偏差

5.5.2　腐烂猪肉掺假香肠样品的主成分分析

图 5-5 为不同腐烂猪肉掺假比例香肠样品的主成分分析二维图。从图 5-5 可见，前 2 个主成分的贡献率分别为 66.127%、26.216%，累计贡献率 92.343%，所以取前 2 个主成分对应的特征向量所决定的两维子空间就能够充分反映香肠样品整体数据的信息。同时，从图中还可以看出不同腐烂猪肉掺假比例的香肠样品分别聚类在 PCA 图中的不同区域，除 5♯与 6♯样品外，其他样品相互之间能够较好地区分，显著性非常高。5♯和 6♯样品的聚类区域有部分重叠，区分度较其他样品稍显不足，这可能是由于香肠样品中主要原料肉为腐败猪肉（比例分别达到 80% 和 100%），且腐败程度较高，形成的香肠滋味主要以腐败肉味为主。此外，不同掺假腐肉比例的香肠样品聚类区域分布呈现出一定的规律性，随着掺假腐烂猪肉比例的增加，分布区域朝 PC1 降低、PC2 上升的方向发展；同时，随着掺假比例的进一步加大，不同分布区域则越来越接近。

为了更充分体现不同腐烂猪肉掺假比例香肠样品的整体数据信息，使 5♯与 6♯样品的区分度达到更加显著，选取贡献率最大的前 3 个主成分进行分析并形成 PCA 的 3D 图。

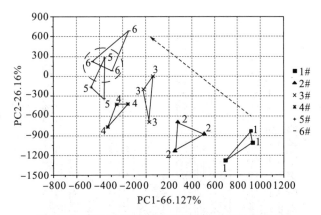

图 5-5　不同腐烂猪肉掺假比例香肠样品 PCA 图

从图 5-6 可见，主成分累计贡献率达到 99.035%。在 PCA 的 3D 图中，不同腐烂猪肉掺假比例的香肠样品在空间上同样聚类在不同的 PCA 空间区域，相互之间的区分度较 PCA 二维图有很大的提高，特别在二维图中区分度不足的 5♯与 6♯样品，在 3D 图中由于第三主成分的加入，使得这两个样品所在区域完全区分开来，区分度十分显著。在不同掺假腐肉比例聚类区域的变化规律上，除了 PC1 和 PC2 变化同二维图一致外，PC3 方向随着掺假比例的提高而逐渐减少。总体上来说，利用 PCA 方法分析，基本可以对不同腐烂猪肉掺假比例的香肠样品进行定性分析。

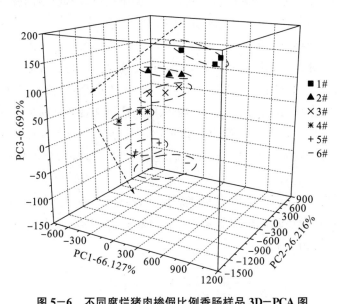

图 5-6　不同腐烂猪肉掺假比例香肠样品 3D-PCA 图

5.5.3　腐烂猪肉掺假香肠样品的判别函数分析

图 5－7 为不同腐烂猪肉掺假比例的香肠样品判别因子分析图,由图可见前 2 个判别因子的贡献率分别为 93.272%、6.076%,累计贡献率 99.348%,从而推算出其余因子的累计贡献率仅为 0.652%。因此,实验数据完全符合 DAF 分析方法原理:使同类样品间的差异性尽量缩小、不同类样品间差异尽量扩大,从而使各类样品能够更好区分。样品的分布如图 5－7 所示,按照箭头所示方向呈现一定的规律性。具体分析来看,随着掺假腐烂猪肉比例的增加,分布区域呈现出朝 DF1 一直降低、朝 DF2 先降低后上升的趋势发展;同时,随着掺假腐肉比例的进一步加大,不同分布区域并没有像 PCA 分析那样越来越接近。结果表明,不同腐烂猪肉掺假比例香肠样品的 DFA 分析聚类差异十分显著,在实际应用过程中,可根据 DFA 图的基本变化规律,初步推测被测样品的掺假比例。

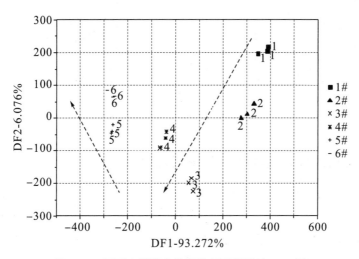

图 5－7　不同腐烂猪肉掺假比例香肠样品 DFA 图

5.5.4　腐烂猪肉掺假香肠样品的定量判别

试验以未掺假香肠样品的电子舌传感器强度为标准原点,根据不同腐烂猪肉掺假比例的香肠样品电子舌传感器强度分布情况,形成强度信号曲线图,结果如图 5－8 所示。可以看出不同腐烂猪肉掺假比例的香肠样品电子舌传感器强度呈规律性分布,可根据已知信息划分出未掺假区域和不同掺假比例区域。同时,应该注意到 3♯和 4♯掺假样品的定量判断区域重合度较高,且与 2♯

呈对称分布，在不考虑强度正负的情况下，这三种比例的掺假样品是无法利用该方法定量分析，表明该定量分析判断方法只适合掺假较为明显的样品，因此该分析方法依然有待进一步优化；此外，经换算，相同样品的信号强度误差波动也较大，表明腐败原料猪肉的本身对电子舌传感器的检测影响很大。事实上，腐肉掺假类型的香肠，在掺假比例和腐败程度不高的原料猪肉情况下，通过人为感官和有限的理化指标是很难定量检测出来的。

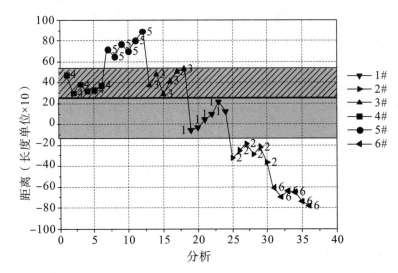

图 5-8　不同腐烂猪肉掺假比例香肠样品的统计质量控制分析图

5.5.5　掺杂鸡肉香肠样品的传感器信号分析

电子舌检测掺杂鸡肉的香肠样品时，数据采集时间为 120 s，香肠样品的传感器信号图如图 5-9、5-10 所示。从图 5-9 可以看出，和不同贮藏时间以及掺假不同腐肉比例的香肠样品一样，7 个传感器响应信号在 20 s 时就逐渐趋于平衡，并达到稳态值，一直持续到终端。另外，其他掺杂鸡肉比例的香肠样品信号图因篇幅原因未列出，它们信号稳定值也基本在 15 s 前后就已经达到，并保持平衡。

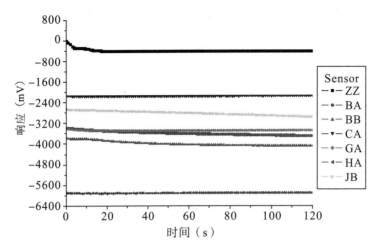

图5-9　掺杂不同鸡肉比例香肠样品的传感器信号强度图（20%）

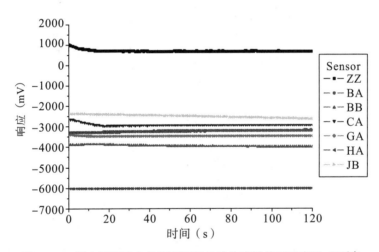

图5-10　掺杂不同鸡肉比例香肠样品的传感器信号强度图（80%）

　　掺杂不同鸡肉比例的香肠样品电子舌传感器信号雷达图如图5-11所示。各样品编号的掺假比例：1♯为100%，2♯为80%，3♯为60%，4♯为40%，5♯为20%，6♯为0%（下同）。从雷达图中可以直观地看出，掺杂不同鸡肉比例香肠样品之间的传感器信号存在着显著的差异，说明不同传感器对不同鸡肉比例样品的敏感程度不同。同时，从也可以初步判断各样品之间的差异主要表现在ZZ、JB、CA、BB这4根传感器上，因此这4根传感器可以作为以鸡肉为外源添加物掺假香肠样品的特征传感器。与不同贮藏期的香肠电子舌特征传敏感传感器相比较发现，主要差异在ZZ、GA上，说明这两根传感器是以鸡肉和猪肉这两种原料肉的香肠的敏感传感器。Gil L. 等人研究认为新鲜猪肉对电子舌敏感传感器呈味的主要是贮藏过程中微生物细菌或内源酶引起的脂肪氧化和蛋白腐败引发的，据此，根据表 4－1 α－Astree 电子舌传感器对五味基础呈味物质的检测阈值，分析可知猪肉的敏感传感器主要为 ZZ、JB、GA 和 HA 上。同时，有研究表明，电子舌对不同部位的同一种类肉制品的敏感度也存在差异。王霞等人研究报道电子舌传感器对鸡胸肉和鸡腿肉就存在显著差异。因此，香肠整个制作过程的原料肉与调味料的复杂混合，以及原料肉中来源于不同部位猪肉的变化，决定了香肠样品的电子舌特征敏感器不是单一、固定的。田晓静等人研究发现掺假不同比例鸡肉的羊肉糜的电子舌敏感传感器为 BA、BB、ZZ 和 CA，它们的响应值随掺入鸡肉的量增大而呈规律性增强。

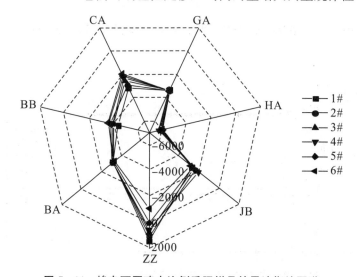

图 5－11　掺杂不同鸡肉比例香肠样品的雷达指纹图谱

同时，为了考察每个敏感传感器重复检测的可靠性，对上述 4 根敏感传感器的相对标准偏差进行分析计算，结果如图 5－12 所示，可以看出 4 根敏感传感器的 RSD 值都没有超过 5%，表明这些样品在敏感传感器有良好的检测重复性；相对来说，传感器 CA 较其余 3 根的 RSD 要偏大，同时，随着鸡肉添加比例的增加，这 4 根敏感传感器的 RSD 并未出现显著性的变化。

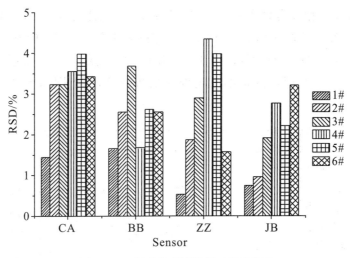

图 5-12　敏感传感器的相对标准偏差

5.5.6　掺杂鸡肉香肠样品的主成分分析

图 5-13 为掺杂不同鸡肉比例香肠样品的主成分分析二维图。从图可见前 2 个主成分的贡献率分别为 71.284%、27.699%，累计贡献率 98.983%，其余主成分贡献率仅为 1.017%，所以取前 2 个主成分对应的特征向量所决定的两维子空间就能够完全反映香肠样品的整体数据信息。同时，从图 5-13 中还可以看出掺杂不同鸡肉比例的香肠样品分别聚类在 PCA 图中的不同区域，所有样品相互之间能够较好地区分，显著性非常高。聚类区域分布也呈现出一定的规律性，随着掺杂鸡肉比例的增加，分布区域总体按图中标注虚线的方向发展，即朝 PC1 上升、PC2 降低的方向发展，同时不同分布区域的距离并没有因为掺杂鸡肉比例的增加而出现显著的变化。田晓静等人在利用电子舌对混入鸡肉的掺假羊肉糜的研究中发现，PCA 累积贡献率为 93.17%，能区分鸡肉含量在 80% 以下的掺假羊肉糜，PCA 聚类区域分布为混入鸡肉比例与 PC1 呈负方向衰减。Dias L. A. 等人也在羊奶和牛奶的电子舌识别应用中，用 PCA 分析法将两者定性区别开来。此外，在蜂蜜的掺假、红茶饮料、年份葡萄酒的甄别、水果汁掺假、橄榄油与榛子油的识别等领域，使用 PCA 主成分分析法都能有效地识别、区分。

5.5.7　掺杂鸡肉香肠样品的判别函数分析

图 5-14 为掺杂不同鸡肉比例的香肠样品判别因子分析图，从图可见前 2

个判别因子的贡献率分别为 92.752％、7.141％，累计贡献率 99.893％。样品在图中的分布按照箭头所示的方向呈现一定的规律性。具体分析来看，随着掺杂鸡肉比例的增加，分布区域朝 DF1 先增加，后降低、DF2 螺旋上升的趋势发展。结果表明可以，掺杂不同鸡肉比例香肠样品的 DFA 分析聚类十分显著。

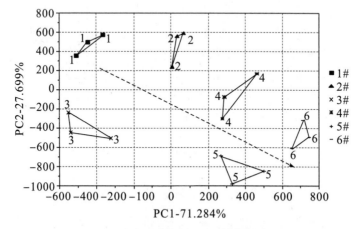

图 5-13　掺杂不同鸡肉比例香肠样品 PCA 图

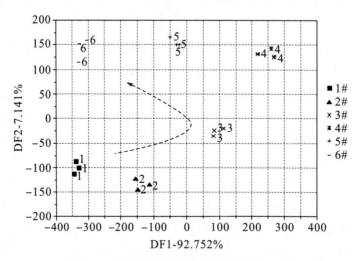

图 5-14　掺杂不同鸡肉比例香肠样品 DFA 图

5.5.8　掺杂鸡肉香肠样品的定量判别

为实现对香肠掺杂不同鸡肉比例的定量预测，试验采用偏最小二乘回归法，以传感器响应值为自变量，以掺入鸡肉的比例为拟合目标值进行曲线拟合，拟合结果如图 5−15 所示。从图 5−15 可以看出，模型的预测值和实际值的决定系数 R^2 为 0.9938，说明该模型具有极显著意义。分别以掺入鸡肉为 30%、50% 和 70% 的 3 个样品对模型进行验证，验证结果见表 5−1。研究表明由 PLS 预测模型得到的预测值与实测值之间的相对误差均控制在 10% 以内，说明该模型具有一定的可行性。

表 5−1　掺杂不同鸡肉比例香肠样品的预测值和实测值

序号	实际值（%）	预测值（%）	相对误差（%）
1	30	32.6	8.67
2	50	53.7	7.4
3	70	74.9	7

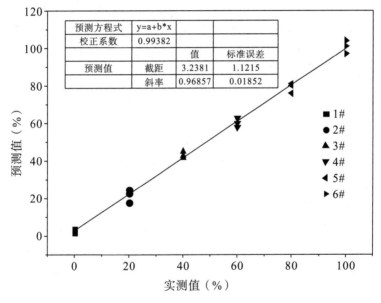

图 5−15　掺杂不同鸡肉比例香肠样品的 PLS 预测

5.6　本章小结

（1）通过对掺假不同比例的腐烂猪肉、掺杂不同鸡肉比例的香肠样品电子舌传感器原始信号分析，结果显示香肠样品之间信号的差异分别主要表现在 BA、JB、CA、BB 和 ZZ、JB、CA、BB 这些传感器上，且传感器检测值的 RSD 值都在 5% 以内，说明具有良好的重复性。

（2）利用电子舌对掺假不同比例的腐烂猪肉、掺杂不同鸡肉比例的香肠样品进行评价，通过对获得的传感器信号数据进行主成分分析和判别因子分析，结果表明采用 PCA 和 DFA 分析法均能对这些掺假香肠样品有效区分。具体来言，对不同腐烂猪肉掺假比例的香肠样品，PCA 分析前 3 个主成分累计贡献率达到 99.035%，DFA 分析前 2 个判别因子累计贡献率 99.348%；对掺杂不同鸡肉比例的香肠样品，PCA 分析前 2 个主成分累计贡献率就达到 98.983%，DFA 分析前 2 个判别因子累计贡献率 99.893%。

（3）在电子舌的定量识别上，尽管不同腐烂猪肉比例的香肠样品电子舌传感器强度呈规律性分布，可划分出未掺假区域和不同掺假比例区域，但通过对掺假比例在 0~60% 范围内香肠样品的 SQC 曲线分析，在不考虑强度正负的情况下，无法利用该方法定量分析，表明该分析判断方法只适合掺假较为明显的香肠样品；对掺杂不同鸡肉比例香肠样品的电子舌传感器数据进行 PLS 分析，结果表明 PLS 预测模型决定系数 R^2 为 0.9938，模型的拟合效果良好，经验证得到的预测值与实测值之间的相对误差均控制在 10% 以内，说明该模型具有一定的可行性。

参考文献

[1] 欧洲马肉冒充牛肉丑闻席卷英、法、德等国 [N/OL]. 腾讯网，（2013－02－12） ［2013－02－12］https：//health. qq. com/a/20130212/000030. htm.

[2] 四川破获病死猪制香肠案 [N]. 四川日报，2013－9－20.

[3] Kesmen Z, Celebi Y, Güllüce A, et al. Detection of seagull meat in meat mixtures using real－time PCR analysis [J]. Food Control, 2013, 34 (1)：47－49.

[4] 王惠文. 偏最小二乘回归方法及其应用 [M]. 北京：国防工业出版社，1999.

[5] Bloem R, Galler S, Jobstmann B, et al. Specify, compile, run：Hardware from PLS [J]. Electronic Notes in Theoretical Computer Science, 2007, 190 (4)：3－16.

[6] 谈国凤，田师一，沈宗根，等. 电子舌检测奶粉中抗生素残留 [J]. 农业工程学报，2011, 27 (4)：361－365.

[7] Hruškar M, Major N, Krpan M, et al. Evaluation of milk and dairy products by electronic tongue [J]. Mljekarstvo, 2009, 59 (3)：193

−200.

[8] Hsu T W. Studies on the discrimination of adulterated honey by electronic nose and electronic tongue [D]. 台北：台湾中台科技大学，2008.

[9] Gil L，Barat J M，Baigts D，et al. Monitoring of physical - chemical and microbiological changes in fresh pork meat under cold storage by means of a potentiometric electronic tongue [J]. Food chemistry，2011，126（3）：1261−1268.

[10] 王霞，徐幸莲，王鹏. 基于电子舌技术对鸡肉肉质区分的研究 [J]. 食品科学，2012，33（21）：100−103.

[11] 田晓静，王俊，崔绍庆. 羊肉纯度电子舌快速检测方法 [J]. 农业工程学报，2013，29（20）：255−262.

[12] Dias L A，Peres A M，Veloso A C A，et al. An electronic tongue taste evaluation：Identification of goat milk adulteration with bovine milk [J]. Sensors and Actuators B：Chemical，2009，136（1）：209−217.

[13] 姜莎，陈芹芹，胡雪芳，等. 电子舌在红茶饮料区分辨识中的应用 [J]. 农业工程学报，2009（11）：345−349.

[14] Legin A，Rudnitskaya A，Vlasov Y，et al. Application of electronic tongue for quantitative analysis of mineral water and wine [J]. Electroanalysis，1999，11（10−11）：814−820.

[15] Peres A M，Dias L G，Barcelos T P，et al. An electronic tongue for juice level evaluation in non−alcoholic beverages [J]. Procedia Chemistry，2009，1（1）：1023−1026.

[16] Mildner−Szkudlarz S，Jeleń H H. The potential of different techniques for volatile compounds analysis coupled with PCA for the detection of the adulteration of olive oil with hazelnut oil [J]. Food chemistry，2008，110（3）：751−761.

第6章　主要结论和建议

6.1　主要结论

研究了不同贮藏温度下川味香肠的化学品质指标 TVB-N 值和 TBA 值的变化情况，结果表明 TVB-N 值随香肠贮藏时间的变化趋势为先上升后下降，再快速上升，回归方程拟合性不符合一级化学反应动力学模型；而 TBA 值随着贮藏时间的延长而不断增加，且符合一级化学反应动力学模型。

建立了以川味香肠化学品质指标 TBA 值为因子的货架期动力学模型，并对该模型进行验证，结果表明在建模范围温度内的预测值与真实值相对误差在 $\pm5\%$ 以内，建模范围温度外的相对误差在 $\pm10\%$ 以内，模型属于有效模型，应用该模型可准确预测川味香肠在不同贮藏温度下的货架期。

研究了植物源性添加物茶多酚对川味香肠贮藏过程中品质指标变化的影响，结果表明添加茶多酚的川味香肠能有效地抑制细菌繁殖，减缓脂肪氧化，延缓腐败变质，延长香肠的货架期约达 30%。

通过考察川味香肠贮藏期间品质指标的 Pearson 相关性，研究了川味香肠品质控制机制。结果发现微生物指标（TVC、LAB）与 pH 值的相关性极其显著（$p<0.01$），相关系数 θ 都在 0.985 以上；化学品质指标（TVB-N、TBA）和微生物指标（TVC、LAB）、pH 值也显著相关（$p<0.01$）；相对而言，TBA 的相关性总体上要比 TVB-N 略好。

初步探讨了川味香肠发色机理，通过研究亚硝酸盐残量在发色护色过程中的变化规律。结果发现，亚硝酸盐残量与发色率和亮度 $L^{\square}$ 的相关性极其显著，Pearson 相关系数最高可达 0.962，亚硝酸钠对香肠发色有着非常重要的作用；同时，在不影响香肠风味的情况下，使用茶多酚作为添加剂，在货架期终端减少亚硝酸钠残量大约为 25%，提高了川味香肠食用的安全性。

利用电子舌对不同贮藏时间的香肠样品进行评价，通过对获得的传感器信号数据进行主成分分析（PCA）和判别因子分析（DFA），结果都能有效区分不同贮藏时间的香肠样品，相对来说采用 DFA 分析对样品的区分程度更好，仅前 2 个判别因子的累计贡献率就达到 99.989%。在电子舌对不同贮藏时间的香肠样品定量识别上，利用 SQC 法建立定量曲线，根据已知样品的数据特征，结合理化指标，划定了香肠的最佳食用时期区域，可对未知样的存放期进行定量识别预测。

利用电子舌对掺假不同比例的腐烂猪肉、掺杂不同鸡肉比例的香肠样品进行评价，通过对获得的传感器信号数据进行主成分分析和判别因子分析，结果表明采用 PCA 分析和 DFA 分析均能对这些掺假香肠样品有效区分。具体而言，对不同腐烂猪肉掺假比例的香肠样品，PCA 分析前 3 个主成分累计贡献率达到 99.035%，DFA 分析前 2 个判别因子累计贡献率 99.348%；对掺杂不同鸡肉比例的香肠样品，PCA 分析前 2 个主成分累计贡献率就达到 98.983%，DFA 分析前 2 个判别因子累计贡献率 99.893%。

在电子舌的定量识别上，尽管不同腐烂猪肉比例的香肠样品电子舌传感器强度呈规律性分布，可划分出未掺假区域和掺假区域，但通过对掺假比例在 0 ~60% 范围内香肠样品的 SQC 曲线分析，在不考虑强度正负的情况下，是无法利用该方法定量分析，表明该分析判断方法只适合掺假较为明显的样品；对掺杂不同鸡肉比例香肠样品的电子舌传感器数据进行 PLS 分析，结果表明 PLS 预测模型决定系数 R^2 为 0.9938，模型的拟合效果良好，经验证得到的预测值与实测值之间的相对误差均控制在 10% 以内，说明该模型具有一定的可行性。

本研究的主要创新点如下：

（1）将预测动力学模型引入川味香肠货架期预测。通过分析不同贮藏温度下川味香肠的化学指标挥发性盐基氮（TVB-N）和硫代巴比妥酸（TBA）的一级化学反应动力学，结合 Arrhenius 二级模型，建立川味香肠化学指标 TBA 值为因子的货架期动力学模型，经实例验证，所建预测模型属于有效模型，可为川味香肠产品的开发，工艺参数的优化以及物流过程中品质监控等指导。

（2）川味香肠品质控制机制研究。研究了植物源性添加物茶多酚对川味香肠贮藏过程中品质指标变化的影响，分析了各品质指标的 Pearson 相关性，研究了亚硝酸盐残量与香肠发色效果关系，初步探讨川味香肠发色机理及品质控制机制，研究结果为提高川味香肠食用的安全性提供借鉴。

（3）川味香肠的电子舌技术识别。通过研究不同贮藏期、腐烂猪肉掺假和掺杂鸡肉的川味香肠电子舌传感信号模式识别方法，结果表明主成分分析（PCA）和判别因子分析（DFA）能够有效定性识别不同类型的川味香肠；同时还探讨了电子舌对香肠样品定量判别的可能，利用统计质量控制分析方法（SQC）、偏最小二乘法（PLS），根据已知样品的电子舌传感器数据特征，建立定量曲线，完成对未知样香肠样品的定量判别。

6.2 建议

茶多酚作为成熟的天然食品添加剂，已经得到广泛的应用。根据本书的研究结果，可选择相关香肠肉制品厂家进行小型中试，根据生产过程中的相关因素进行参数的优化，以尽快在实际中得到应用。

可结合香肠发酵过程中滋味变化，利用气相、高效液相质谱仪对香肠的呈味觉特性物质进行定性和定量分析，进一步探讨电子舌仿生技术在川味香肠掺假定性、定量检测的应用机制。